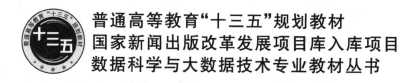
普通高等教育"十三五"规划教材
国家新闻出版改革发展项目库入库项目
数据科学与大数据技术专业教材丛书

流数据分析技术

李静林　袁　泉　编著

U0291036

北京邮电大学出版社
www.buptpress.com

内 容 简 介

　　流数据分析技术是一种实时或准实时的,对动态数据集合甚至无界时间序列数据进行特征和态势认知的技术,目前已经广泛应用于互联网/移动互联网、物联网、气象、金融等多个领域,支撑运营管理、应用性能管理、监测与测控等多种服务,是大数据的重要研究方向之一。本书以流数据的基本特征为核心内容,突出流数据与传统大数据的联系与区别,介绍流数据的基本处理方法和分析方法。重点内容包括:流数据与流式计算、流数据处理技术、流数据分析技术、流数据处理模型与处理框架等。本书还介绍了流数据分析技术的一些最新进展及流计算框架的最新发展。

　　本书可作为计算机学科相关专业,特别是数据科学与大数据技术专业的教材。

图书在版编目(CIP)数据

流数据分析技术 / 李静林,袁泉编著. -- 北京:北京邮电大学出版社,2020.1

ISBN 978-7-5635-5915-2

Ⅰ.①流… Ⅱ.①李… ②袁… Ⅲ.①数据处理—高等学校—教材 Ⅳ.①TP274

中国版本图书馆 CIP 数据核字 (2019) 第 256789 号

策划编辑:姚　顺　刘纳新　　责任编辑:刘春棠　　封面设计:柏拉图

出版发行:北京邮电大学出版社

社　　　址:北京市海淀区西土城路 10 号

邮政编码:100876

发 行 部:电话:010-62282185　传真:010-62283578

E-mail:publish@bupt.edu.cn

经　　　销:各地新华书店

印　　　刷:保定市中画美凯印刷有限公司

开　　　本:787 mm×1 092 mm　1/16

印　　　张:12.25

字　　　数:255 千字

版　　　次:2020 年 1 月第 1 版

印　　　次:2020 年 1 月第 1 次印刷

ISBN 978-7-5635-5915-2　　　　　　　　　　　　　　定价:38.00 元

大数据顾问委员会

宋俊德　王国胤　张云勇　郑　宇

段云峰　田世明　娄　瑜　孙少隣

王　柏

大数据专业教材编委会

总主编：吴　斌

编　委：宋美娜　欧中洪　鄂海红　双　锴

　　　　于艳华　周文安　林荣恒　李静林

　　　　袁燕妮　李　劼　皮人杰

总策划：姚　顺

秘书长：刘纳新

前　言

　　2016 年 2 月，教育部公布新增数据科学与大数据技术专业，到 2019 年 3 月获批此专业的院校已经达 400 多所，相应的专业课程建设亦提上日程。在大数据研究领域中，流数据作为一种特殊的动态数据集合甚至无界时间序列数据，是互联网/移动互联网、物联网、气象、金融等多个领域大数据的重要表现形式。对流数据进行实时或准实时的分析，以快速地获取其动态特征并进行态势认知，已经成为支撑运营管理、应用性能管理、监测与测控等多种服务的基础技术。如何考虑流数据时变性的特点对其进行时延敏感的建模分析，一直是大数据技术领域的重点研究方向。因此，在数据科学与大数据技术专业培养方案中，设置了"流数据分析技术"这门重要的专业课程。但是，国内目前缺乏专门的流数据相关书籍或研究报告，《流数据分析技术》这本书就是为这门课程编写的一本参考教材。

　　业界目前尚无准确的流数据的概念定义，本书中将流数据定义为一种实时到达的具有规模大、基数高、统计特征复杂变化特性的数据流。与传统的大数据不同，流数据具有实时性、易失性、突发性、无序性的特点。

　　实时大规模抵达特性：流数据是持续产生的，持续产生的数据意味着无法预期数据的边界，无法像传统大数据一样采用批处理模式。流数据处理系统为了能赶得上流数据的产生速率，实现实时或准实时的处理，需要采用流式处理或微批处理的模式，使用有限的存储资源进行数据处理。有限的资源会进一步导致超期的数据被丢弃，因此流数据处理仅能对缓存的数据进行有限次数访问，这导致一些需要数据全集或需要多次重复遍历数据的传统大数据挖掘分析算法难以应用在流数据环境中，必须有针对性地优化。同时，流数据处理系统也必须具有容错能力，能够在一次数据处理过程中尽可能全面、准确、有效地获得有价值的信息。而流数据的突发性和无序性意味着无法准确预期抵达数据的量和顺序，这就要求流数据处理系统具备更大的弹性，且在进行流数据分析过程中不能过多地依赖数据流间的顺序或内在逻辑。

高基数特性:流数据与大数据一样可能存在高基数特征,即数据中的不同类别数量很大。但是与传统大数据不同的是,由于流数据的持续产生,某些数据的类别可能会延迟很久才出现,而另一些早早出现的数据类别却可能是"小众"数据类别。这都导致流数据的处理面临处理性能与资源消耗的权衡。

统计特征复杂变化特性:由于流数据的时间跨度大,从流数据中获得的统计特征可能随时间而变化,而这种特征变化是传统大数据分析过程所不会考虑的。流数据的这种统计特征随时间变化的特性被称为"概念漂移"。概念漂移导致流数据分析方法必须考虑如何随时间进行调整,以适应统计特征的变化。而流数据处理模型和处理方法也需要能够配合流数据分析方法,使之能够获得足够量的数据,能够体现出统计特征变化。

"流数据分析技术"课程旨在培养学生掌握流数据分析与流式数据处理的基本知识和方法,以及运用流计算模式去思考和解决现实问题的能力,提高学生的创新意识,开阔学生研究视野,为学生的进一步深造打下基础。

流数据处理方法和流计算模型在 20 世纪 90 年代即已经开始被研究,但在本书之前,国内仅有一些流计算框架的工具书。国内有关流数据的内容都分散在各种与大数据或大数据挖掘工具相关的书籍中,不成体系。国外有一些专门阐述流数据分析与处理的书籍,但外文著作的组织方式和内容并不符合我国教材的需求。同时,随着近年来大数据研究的持续发展,一些新型的流数据分析与处理方法层出不穷,需要一本针对流数据的专门著作,对流数据与大数据的联系与区别、流数据的分析方法与处理方法、流数据处理模型与框架等进行系统化的集中阐述。

本书共分为 7 章。

第 1 章为流数据与流计算。这一章首先介绍大数据与流数据的联系与区别,提出了流数据的基本概念和特征,并综述了流数据分析方法和流数据处理方法所需要考虑的问题及相应的方法基础。

第 2 章为流数据概要结构构建技术。这一章主要介绍流数据处理模型,重点阐述了流数据处理模型中概要数据结构的目的和意义,并对抽样、草图、小波、直方图等多种概要数据结构的构建方法进行了系统化阐述。

第 3 章为流数据频繁模式挖掘技术。这一章介绍了流数据分析中最基础的频繁项和频繁模式挖掘算法。频繁模式挖掘目的是找出数据流中出现频率大于一定阈值的数据或模式。本章对经典的黏性抽样、有损计数等方法进行了详细的阐述。

第 4 章为流数据聚类分析技术。这一章介绍了流数据分析过程中的聚类算法。聚类是将数据对象集合中相似的对象元素划分为同一簇的过程,也是研究得最深入、最广泛的一类问题。本章对基于划分的、基于层次的、基于密度的、基于网格的等多种不同的流数据聚类算法进行了阐述。

第5章为流数据分类分析技术。这一章介绍了流数据分析过程中的分类算法。分类是应用最广泛的数据挖掘技术之一,流数据的概念漂移特点也对流数据分类技术的实现影响很大。本章重点阐述了两种分类技术,包括基于贝叶斯的分类和基于决策树的分类,并阐述了这些方法的进一步扩展。

第6章为流数据学习与时间序列分析技术。这一章介绍了流数据分析过程中的回归方法。回归是对多变量关系的统计学习,可以用来进行预测。本章重点阐述了增量式参数回归所需的最优化方法,并对最新的基于非参数回归的模型树学习、规则学习方法进行了阐述。

第7章为流数据处理模型与框架。这一章介绍了近年来工业界较为流行的Storm、Spark、Flink等多种流处理框架。本章的侧重点并不在工具的使用,而是聚焦在不同流计算框架的设计思路、计算模型、容错模型、实现机制上,通过对比流计算引擎的设计实现思路,加深对流数据处理模型和方式的理解。

本书可以作为数据科学与大数据技术专业的本科高年级专业课教材,也可以作为研究生相关课程的参考材料。

本书的编写得到了北京邮电大学网络与交换技术国家重点实验室交换与智能控制研究中心教师与研究生的支持,他们是:魏晓娟、李梓延、莫浩杰、薛亚青、李冠略、冯亦瑄,在此一并表示感谢。另外还要感谢共同完成多项相关科研项目,进行流数据相关分析算法和处理引擎研发的已经毕业的博士和硕士研究生们,他们曾经的努力是本书能够推出的前提。

作为在计算机领域从事科研和教学的教师,专业知识的深度和广度的局限性使得本书仍存在不足之处,欢迎广大读者反馈对本书的意见和建议,我们将随着"流数据分析技术"专业课程的建设,不断改进本书的质量。

李静林

北京邮电大学

目 录

第 1 章
流数据与流计算

1.1 大　数　据

1.1.1 大数据的发展

2012 年 5 月,联合国发表名为《大数据促发展:挑战与机遇》的政务白皮书,其中引用国际数据公司(IDC)的数据预测,指出"全球可用数据量从 2005 年的 150 EB(Exabyte)增长到 2010 年的 1 200 EB,预计未来几年每年将增加 40%。基于这一增长率,到 2020 年,全球数据量将增长到 2007 年的 44 倍,平均每 20 个月增长一倍"。在白皮书中,联合国首次提出"大数据(Big Data)"的概念,并指出"当前世界正在经历数据革命,或称'数据洪流'"。

2018 年,IDC 在《数据时代 2025——数字化的世界(从边缘到核心)》白皮书中指出,全世界数据将从 2018 年的 33 ZB(Zettabyte)进一步增长到 2025 年的 175 ZB。这一数据进一步印证了联合国政务白皮书的预测(如图 1-1 所示)。

基于这一数据增长的预测,IDC 白皮书指出"数据驱动的世界将持续在线,持续跟踪,持续监视,持续地听和看,因为它将持续学习"。

"The data-driven world will be always on, always tracking, always monitoring, always listening and always watching——because it will be always learning."

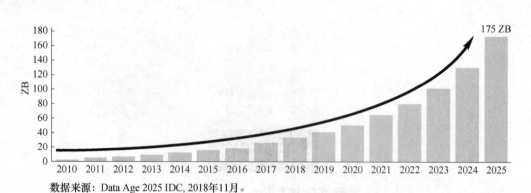

数据来源：Data Age 2025 IDC, 2018年11月。

图 1-1　全球数据量预测

在数据驱动的世界中，终端、边缘、云端都发挥着关键作用，云端提供集中式的数据存储、归档、服务交付、更高深层次的数据挖掘分析、指挥和控制，以及法规遵从性。边缘则提供了更多的智能和交互性，对数据进行预处理，并将结果发回给云端进行更深入的分析。因此，数据从终端流到网络边缘和云端，进而再从网络云端流回网络边缘和终端。数据的这种传播驱动了数据的进一步增长，并对数据的挖掘分析和利用产生影响，实现了整个网络的智能，如图 1-2 所示。

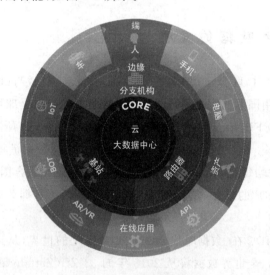

图 1-2　终端-边缘-云端的数据应用模型

随着 5G 技术的普及和边缘计算技术的发展，未来世界中数据的产生与数据的存储将产生显著的变化。终端侧产生和存储的数据将显著降低，网络边缘侧和云端存储和产生的数据则将显著升高，如图 1-3 所示。IDC 预计到 2024 年，云端存储的数据将是终端的 2 倍。

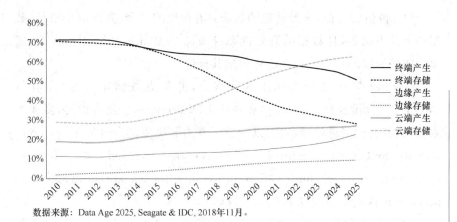

数据来源：Data Age 2025, Seagate & IDC, 2018年11月。

图 1-3 数据产生与存储位置

目前,不同的系统还是由自身维护、管理、分析数据,而在未来的数据驱动的世界中,大数据的挖掘将会把产生异构数据的系统整合起来,形成一个整体。进而,真正地改变人们的生活以及理解世界的方式。

1.1.2 大数据的概念

目前大数据还没有统一的定义,2011 年 IDC 的报告[1]中对大数据给出了一个轮廓的描绘:"大数据技术描述了一个技术和体系的新时代,被设计于从大规模多样化的数据中通过高速捕获、发现和分析技术提取数据的价值"。这个描绘刻画了大数据的 4V 特性:规模大(Volume)、变化快(Velocity)、多样性(Variety)和价值密度低(Value)。

大数据的概念

一般认为大数据的这几个特征的解释如下。

(1)规模大:由于数据产生的用户多、数量大、位置分布广,终端、边缘、云端都会持续产生数据,因此数据的规模远超以往,这对数据的存储和处理都提出挑战。

(2)变化快:由于产生和使用数据的用户庞大,数据会在流中持续不断地到达,这对数据的实时处理产生极大的挑战。同时由于用户之间的复杂交互,数据在用户之间快速传播,且传播行为复杂,这就造成数据的易变性(Variability),进一步加剧了实时提取有价值信息的难度。

(3)多样性:由于数据的来源多样,数据的类型和数据的结构也多种多样,有结构化的数据,如日志、传感器数据等,也有非结构化的数据,如文本、语音、视频、图形等,还有介于结构化和非结构化之间的半结构化数据。不同数据的处理方法不同,体现出的潜在特征、规律等也不同,这极大地提升了多源数据异构融合处理的门槛。

（4）价值密度低：未经处理的数据具有高度的冗余，数据信息量低，数据特征并不明显，且数据的有效性和准确性（Validity，Veracity）存疑，需要大规模深度的挖掘分析才能体现出其价值。

Gartner 在 2012 年总结了这些观点，并将大数据定义为"高容量（Volume）、高度变化（Velocity）和多样化（Variety）的信息资产，需要成本效益高、创新的信息处理形式，以增强洞察力和决策能力"（High volume, velocity and variety information assets that demand cost-effective, innovative forms of information processing for enhanced insight and decision making），即通常认为的大数据 3V 定义。

2015 年李学龙等在论文[2]中对大数据的定义进行了总结，指出"大数据的定义呈现多样化的趋势，达成共识非常困难"，并总结了当前较为流行的三种定义方法：

- 属性定义（Attributive Definition），包括前文所述的 4V、3V 定义方法；
- 比较定义（Comparative Definition），即从演化的观点探讨了具有时间和跨领域变化的数据集才能被认为是大数据；
- 体系定义（Architectural Definition），即大数据包含大数据科学（Big Data Science）和大数据框架（Big Data Frameworks）。大数据科学围绕大数据的获取、处理、评估等技术展开研究；大数据框架则侧重于大数据问题的分布式处理和分析方法。

1.1.3　大数据思维

由于大数据的规模大、变化快、种类杂、价值密度低这些特性，大数据的挖掘处理方式与传统数据挖掘有较大的区别。

传统的数据处理主要针对抽样数据，通过准确的数据建模，以获得精确的数据处理结果。而大数据的数据价值密度低，导致大数据的数据量大，且数据统计特征分布不均匀，使用传统采样分析的方法难以获取数据的准确特征。同时，由于大数据的变化快，长时间之前的数据特征可能已经无法指导当前的应用行为，因此大数据条件下，精确性已不再是追求的最终目标，更多的时候是挖掘大数据蕴含的变化规律，并对宏观趋势给出快速预测。同样由于大数据的数据种类杂，多源数据间并不一定存在必然的因果关系，而是需要发现数据间存在的关联关系，以挖掘多源数据之间存在的事实规律，从而实现对未来的准确预测。

因此，大数据思维与传统数据处理思维的主要区别体现在以下三个

大数据思维

方面。

- 从抽样到全样：大数据处理的方法是从全量大规模数据中挖掘宏观特征。
- 从精确到非精确：大数据处理的目的是从全量实时大数据中获取宏观趋势规律。
- 从因果到关联：大数据处理的手段是从多源异构大数据中获取特征间的相关性。

1.2　流　数　据

1.2.1　流数据的场景

设想以下几个场景。

场景 1：云计算服务提供商维持着几十万台服务器，管理着数百万个用户托管的虚拟机（例如，2018 年 AWS 有 810 万个活跃 IP 地址，市场占比 41%；阿里云有 260 万个活跃 IP 地址，市场占比 13.2%；微软有 171 万个活跃 IP 地址，市场占比 8.73%）。这样大规模的虚拟机需要实时对各种指标参数进行检测，产生结构化日志数据，根据对数据的分析处理判断是否存在网络入侵，各个托管的虚拟机资源占用是否正常，并根据实时监测的数据进行网络态势和系统运行态势的评估，以对网络入侵进行阻断，对数据中心资源进行动态调整与优化。例如 2014 年，阿里云抵御的全球互联网史上最大的 DDoS 攻击，峰值流量达到 453.8 GB/s。如此大规模的实时数据需要被处理和分析，并快速给出结论，这是使用传统数据挖掘手段所做不到的。

场景 2：互联网服务中，今日头条在 2017 年的累计激活用户数突破 7 亿，月活跃用户数达 2.63 亿，日常产生原创新闻在 1 万篇左右。今日头条采用个性化新闻推荐模式，即需要实时对用户动作日志（含用户订阅、用户浏览记录等）进行分析，通过算法计算用户的画像，以向用户推送感兴趣的新闻。同时需实时进行推荐计算，自动计算新闻与用户的匹配，包括对用户位置、用户画像、新闻标记等的实时计算，对用户站内外动作的实时计算等。这其中的用户画像和实时推荐也是传统数据挖掘手段所难以企及的。

其他的场景还包括金融领域。金融银行行业的日常业务过程中实时地产生大量的数据,这些数据的有效价值存在时间往往比较短,如何对数据进行实时的计算,抽取其有效信息,帮助金融领域企业分析其数据特征,及时反映业务状态,甚至对企业决策产生影响。物联网领域中,各传感器元件也在不断地产生大量的数据,这些数据实时性强,有效价值低,更是需要新型计算模式进行实时、高效的计算。

1.2.2 流数据的特点

流数据与其他类型数据的区别包括多个方面。

1. 数据的持续抵达

流数据的概念

通过应用示例可以看到,流数据是持续生成的,只要系统在线,新数据就将源源不断地产生。数据的持续抵达将导致以下几个问题。

（1）实时性

持续产生的数据意味着流数据处理系统需要赶得上流数据的产生速率。如果想保持数据处理的完整性和实时性,就必须在数据抵达时间范围内,完成当前数据的处理。例如,使用 1 min 的数据缓冲进行流数据分段,那么就必须在 1 min 内完成已经缓冲数据的处理,否则就可能导致后继抵达数据的处理延迟。

（2）易失性

由于数据是持续到达的,且并不能预期数据的最终大小,不可能将所有输入数据都存储在存储器中,因此,流数据处理需要仅对缓存的数据进行有限次数访问（在特定情况下只能访问一次）,然后丢弃缓存以限制内存和存储空间的使用。这意味着数据流中的大部分在处理后是会被丢弃的,只有少数数据会被持久化地保存。因此流数据的使用一般是一次性的、易失的,即使记录数据重放,也往往与原始数据流存在不同。这就需要流数据处理系统具有容错能力,能够在一次数据处理过程中尽可能全面、准确、有效地获得有价值的信息。

（3）突发性

由于不同的数据源具有一定的独立性,即不同数据源在不同时空范围内状态是不统一的,且可能发生动态变化,这就导致数据流的到达速率呈现变化。如前一时刻数据到达的速率和后一时刻数据到达的速率可能差异巨大。这就需要系统的处理能力具有弹性,能够应对突发的数据流,保证数据处理的速率;或者能够识别数据重要程度,以避免在丢弃数据的时候错过重要的数据。另外,也能在数据速率较低的情况下避免过多的系统资源占用。

（4）无序性

同样由于不同数据源的相对独立性，各个数据源产生的数据之间，或同一数据源的不同数据元素之间，数据的到达可能是无序的。这既有不同数据源之间的时空环境变化的影响，也有网络延迟、传输路径等差异的影响。这就要求流数据分析与处理系统不能过多地依赖数据流间的顺序或内在逻辑。

2. 数据的高基数

基数（Cardinality）一般指的是数据中不同类别的数量。比如一个集合中存在 1 万条记录，但其中不重复的只有 5 000 条，这个集合的基数即为 5 000。即，基数代表了集合中的"类别"数量。

在流数据中，数据可能是高基数（High-Cardinality）的，比如数据的来源 IP 地址、用户的电话号码、地域的邮政编码等。数据的高基数导致的主要问题是标签查询成本高，如对来源 IP 地址进行流量计数，将面临海量 IP 地址的标签管理、查询的问题。

另外，一些数据可能呈现出"长尾"特征，即在应用中，特定范围的经常出现的特征集合，一般占据数据总量的较大比例，而小集合外的其他特征却分布在广泛的其他数据区间中。比如，北方夏天气温传感器数据一般情况下的正常取值在 20～30℃，但仍然存在大量的异常气温数据，散布在 5～40℃ 的范围内。这意味着一些特征的标签可能在很长一段时间后才能获得更新，这导致对"长尾"部分标签的管理会面临性能与资源消耗的权衡。

3. 数据的统计特征变化

由于流数据的时间跨度大，从流数据中获得的统计特征可能随时间而变化，这就是流数据的"概念漂移"（Concept Drift）。

比如，温度数据存在明显的四季分明的时间变化；交通数据存在明显的每周每月，工作日、休息日、节假日的规律变化。因此，流数据处理系统也需要随着时间而进行调整，以适应统计特征的变化。

在分析流数据的统计特征变化的性质时，应该考虑何种影响呢？Sergio Ramírez-Gallego 等在论文[3]中指出，概念漂移需主要考虑以下两个方面。

（1）对学习分类边界的影响

根据概念漂移的影响，可以分为两种类型：实概念漂移（Real Concept Drift）和虚概念漂移（Virtual Concept Drift）。

- 实概念漂移会影响决策边界（后验概率），并可能影响无条件概率密度函数，从而影响学习系统。

- 虚概念漂移不影响决策边界,而是影响条件概率密度函数,不影响当前使用的学习模型,但是它仍应被检测到。

图 1-4 显示了这些漂移类型。

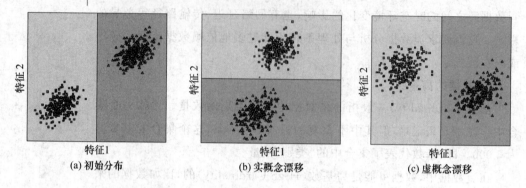

(a) 初始分布　　　　(b) 实概念漂移　　　　(c) 虚概念漂移

图 1-4　基于统计特征变化的概念漂移分类

(2) 变化类型的影响

根据概念漂移出现的原因,可以分为三种类型:突发概念漂移 (Sudden Concept Drift)、渐进概念漂移(Gradual Concept Drift)和增量概念漂移(Incremental Concept Drift)。

假设流数据由一组状态组成 $S=\{S_1, S_2, \cdots, S_N\}$,其中 S_i 由一个分布 D_i 生成。一个数据流的概念漂移可以定义为一个由分布变化 $D_j \rightarrow D_{j+1}$ 导致的状态迁移 $S_j \rightarrow S_{j+1}$。

- 突发概念漂移是当前的统计特征被后继的统计特征快速取代。如当前的统计特征为 S_j,下一时刻的统计特征被 S_{j+1} 迅速取代,其中 $D_j \neq D_{j+1}$。
- 渐进概念漂移可以被看作是一个过渡阶段,其中 S_{j+1} 的状态是由 D_j 和 D_{j+1} 按照不同比例混合产生的。
- 增量概念漂移的变化率要慢得多,其中 D_j 和 D_{j+1} 之间的差异并不那么显著,通常在统计上不显著。

我们也可能面临经常性概念漂移(Recurring Concept Drift),其含义是一种状态的分布会在第 k 个位置重复出现 $D_{j+1}=D_{j-k}$。

其他的一些分布特征异常还包括:

- 异常值(Blips)是偶发的、随机的异常,在数据处理的时候一般应该过滤掉;
- 噪声(Noise)是细小的波动,并不影响处理过程,一般也应该过滤掉。

这些类型的概念漂移如图 1-5 所示。

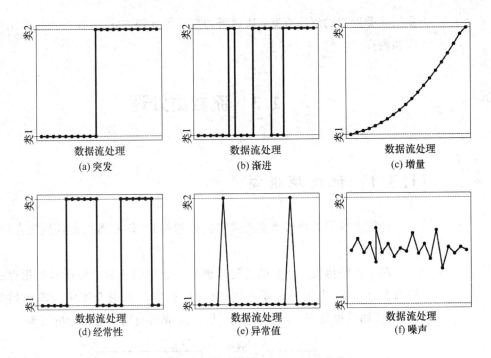

图 1-5 基于变化类型的概念漂移分类

在实际使用中,一般出现的是混合概念漂移(Mixed Concept Drift),即在流数据挖掘过程中可能会出现不止一种类型的概念漂移。应该注意的是,在现实场景中出现的类型的变化是事先未知的,必须在流处理过程中确定。

1.2.3 流数据的概念

目前尚无准确的流数据的概念定义,在本书中,我们定义流数据是一种实时到达的具有规模大、基数高、统计特征复杂变化特性的数据流。

流数据可以被抽象为一个无穷尽的数据序列,由于每个数据具有时间特征,因此流数据可以被抽象为一个数据的时间序列。如果令 t 表示时间戳,a_t 表示在该时间戳到达的数据,则流数据可以表示为:

$$\{\cdots, a_{t-1}, a_t, a_{t+1}, \cdots\}$$

流数据分析模型(Streaming Algorithm)即是对这种有时效性要求的时间序列的数据分析模型,如获取模式或进行频繁项统计、聚类、分类及趋势预测等。同时,当数据的统计特征发生变化的时候,我们的分析模型需要能够自动适应这种变化。

流数据处理(Data Stream Processing)即是考虑到数据流大规模实时持续到达的特性,考虑到数据基数大的特点,针对流数据的分析可能需要我们接受近似的解决方案，通过滑动窗口等处理方式，以便使用更少的时间和内存。

1.3　流数据处理

1.3.1　批处理模型

传统大数据处理模型主要采用批处理模式，核心思想是数据先存储，再分析。

图 1-6 是传统大数据的批处理模型。数据到达后会将所有数据存放到数据仓库中，当用户需要查询的时候，应用从数据仓库中获取原始数据，并使用数据处理算法进行分析处理，完成后向用户返回分析结果。

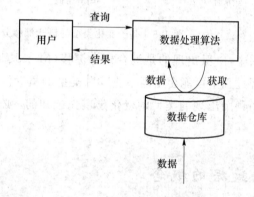

图 1-6　传统大数据的批处理模型

批处理模式在进行数据处理的时候，可采用 MapReduce 处理模型。MapReduce 处理模型将数据分为若干小数据块，并采用分布式并行处理的方式处理这些数据块，产生中间结果，最后通过对中间结果的合并产生最终结果。采用分布式计算方式，能够充分利用大规模计算资源进行数据处理，提高数据处理速度。不过由于数据入仓库需要大量的 I/O 操作，MapReduce 计算过程中还将引入多次数据出入仓库操作，传统大数据处理模型的处理时延一般在分钟级，这明显不能满足实时性要求。

传统大数据采用的批处理模式可以处理有界数据，也可以处理无界数据。

1. 有界数据

顾名思义，有界数据是在时间或空间范围上有限的数据，不管是结构化还是非结构化数据,即便是数据量非常大,总能对数据进行穷举和遍历,进而使用数据处理引擎(如 MapReduce)完成全部分析,并获得新的结构化数据集,如图 1-7 所示。

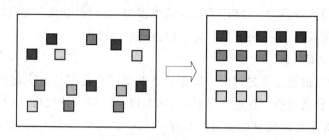

图 1-7　使用批处理引擎进行有界数据处理

2. 无界数据

与有界数据相对应,无界数据是在时间或空间范围上趋于无限的数据。尽管批处理在设计之初并不是用于处理无界数据的,但仍然可以采用一定的规则将无界数据划分为一组有界数据的数据集,以适应批处理模式。常用的基于批处理模式进行无界数据处理的方式有固定窗口(Fixed Window)方式和会话(Session)方式。

（1）固定窗口

常用的将无界数据划分为有界数据的方式是按照规则划分确定大小的数据窗口。如按照时间对输入数据进行划分,然后使用批处理引擎对固定窗口数据进行挖掘分析,最终形成一系列以时间窗口为分界的结构化数据集,如图 1-8 所示。

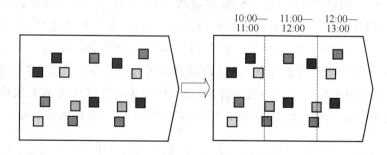

图 1-8　基于固定窗口的无限数据处理

固定窗口较容易理解,但除非应用具有明确的时间分隔,否则容易面临数据延迟到达造成的数据缺失和分析不完整问题。如针对特定的负载具有明显周期性的业务,可在无业务负载的时间进行窗口划分。大部分的 Web 服务具有明显的日间高负载和夜间低负载的变化规律,对 Web 服务的日志分析就可以设置为凌晨 4 点作为窗口分隔时间,从而将日志划分为以一天为单位时间长度的数据窗口,进行批处理分析。但是如果业务无明显的负载变化规律,则日志将持续到达,这意味着要保证预期时间点日志数据的完整,就必须延迟处理。如希望从12点分割窗口,可延迟到12点30分切割数据,但仍然按照12点整作为实际数据窗口的边界,从而保证12点后到达,但时间戳在12点之前的日志能够被完整地分析。

（2）会话

会话在信息通信过程中一般指的是两个用户之间具有一定持续时间的连续的通话过程。在这一过程中,两个用户之间会持续地进行文字、语音、视频等多媒体信息的交互。由于参与会话的参与方不同、目的不同、内容不同,各个不同的会话也相对独立。这意味着如果采用固定窗口方式批处理会话数据,可能会导致某些会话数据的截断,如图1-8所示。

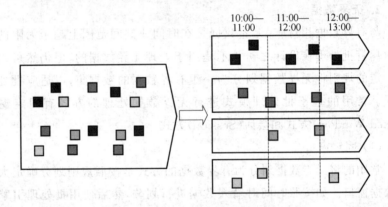

图1-9　基于会话窗口的无限数据处理

为了解决固定窗口的会话数据截断问题,一种方法是可以考虑增加固定窗口的时间,减少被截断的会话数量,但代价是导致处理延迟增加。另一种方法是将批处理分为三阶段:第一阶段用于分割固定窗口中的会话数据,第二阶段用于选择第一阶段分割后被截断的会话数据,并与前继或后继窗口中的截断会话数据合并,第三阶段再进行基于会话的数据分析处理。这一方法适应性较强,缺点是复杂度增大,实时性也并不强。

1.3.2　流式处理模型

与离线大数据处理不同,流数据需要实时处理,以满足应用的实时性要求。

图1-10是流计算处理模型,主要采用流式处理模式,核心思想是数据的在线持续处理。数据到达后并不直接入库,而是先通过数据处理算法进行分析,并维护一个远小于源数据规模的概要数据结构。由于概要数

据结构规模小,可以在内存中维护。当用户需要查询的时候,应用可以直接从内存中的概要数据结构中查询,从而极大地提高了业务应用的响应时间。

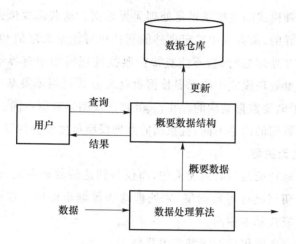

图 1-10　流数据的流计算处理模型

例如,在提供网站服务的过程中,需要实时获取当前访问网站的并发用户数量,以支持负载均衡、资源调配等需求。由于网站访问日志的数量庞大,在内存中缓存全部日志是不现实的。同时,使用日志系统进行统计则耗时较长。在这种情况下,较为理想的处理方式是在内存中维持一组计数器,对网站访问日志进行实时处理,根据访问的网址、访问用户的 IP 地址等多种信息进行不同计数器的更新,并在需要获取并发用户数量的时候,根据内存计数器快速反馈。这组计数器就是最典型的支持流数据频繁项挖掘的概要数据结构。

再比如,如果希望获得一段时间内访问网站的具有独立 IP 地址的用户总数,最准确的结果是统计全部日志并获得结果,如最终的计算结果是390 845 人,可能需要 10 min 甚至更长时间才能得到结果。而利用概要数据结构,获得的计算结果是(390 500±500)人,虽然结果并不是十分精确,但只需要 1 s 就可以得到结果。因此,使用概要数据结构得到的结果可能并不是最精确的,但其精度是可接受的,不影响用户最终决策,且能够极大地提高业务响应的实时性。

流式处理模式在进行数据处理的时候,只会在内存中缓存小部分数据,并不能如传统大数据处理过程中的 MapReduce 一样,反复从数据仓库中提取数据。因此,流数据处理需要设计单遍扫描算法(One-Pass Algorithm),实时地给出近似查询结果,就成为数据概要结构的构建目标。流数据处理过程中的概要数据结构可以定时更新到数据仓库中,以供其他应用做进一步挖掘分析使用。基于这一模式,流计算处理模型的处理时延可以降低到秒级。典型的流数据处理引擎包括 S4、Kafka、Storm、Spark、Flick 等。

流式处理模式的主要场景是处理无界数据。这些需要流式处理的数据不但是无界的,流数据中特定事件的到达也可能是无序的和无规律的。因此流数据在处理的时候,不能直接借鉴批处理模型中有界数据的处理模式。虽然批处理模式中的无界数据批处理方式可用于最基本的流数据处理,但由于概要数据结构的存在,其处理的模型也有所不同。

根据流数据的内容不同,流数据的处理模型可大致分为以下几种。

1. 时间无关型

如果目标特征是与时间无关的,而仅与到达的数据有关,则只需将无界的流数据切割成有界数据集,并处理这些数据集即可。这种模式与传统的批处理模式基本相同。

这种处理主要包括过滤型和内联型。

(1) 过滤型

流式处理的目的是使用特定规则对数据源进行过滤,将符合规则的数据筛选出来,如图 1-11 所示。

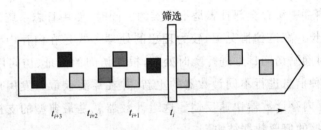

图 1-11　从混合数据中筛选出符合特定规则的数据

这种规则下,对数据本身的顺序、抵达时间偏差等都不敏感。只需在接收到数据的时候按照规则进行筛选即可,如从网络数据报文中过滤出特定 IP 地址的报文。

(2) 内联型

流式处理的目的是将两个或多个数据源中符合特定规则的数据进行连接,如图 1-12 所示。

当连接两个无界数据源时,如果只关心多源数据是否具有相同的规则,则只需简单地将多源数据进行缓冲等待,直到能够建立连接,并输出连接后的记录。

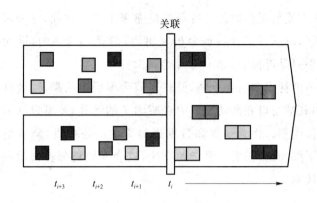

图 1-12　从多源数据之间进行连接产生符合特定规则的数据

如在通信过程中,通信系统各个节点产生的话单数据将基于用户标识进行关联,并输出完整的用户端到端通信记录数据。在这一过程中,只需要将不同通信转发路径中各个节点的话单汇总,并按照用户标识相同这一规则进行连接,并合并成为一个用户完整话单即可。

2. 窗口型

如果目标特征是与时间相关的,则需要考虑界标(Landmark)模型,即将从初始时间点开始收到的数据进行缓存,并在特定时刻进行数据分析。此时,需要根据流数据的特点,考虑数据窗口的分割方式,如图 1-13 所示。

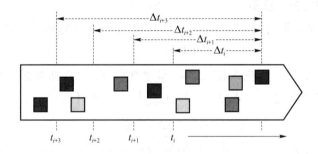

图 1-13　窗口型的数据

典型的划分窗口的方式可以分为三类:固定窗口(Fixed Window)、滑动窗口(Sliding Window)和会话窗口(Session Window)。这些窗口技术在细节变更后组合使用可被称为多尺度窗口(Multiscale Window)。

3. 近似型

近似型采用一个类似会话窗口的可变窗口,但窗口的边界确定规则改为由近似算法确定。如近似算法已经完成了其检测目标,则结束窗口,并开启新的会话窗口。这种近似算法使用的可变窗口可认为是一种数据缓冲。为了避免大规模的内存空间占用,这种数据缓冲不可能像会话窗口一样,基于流数据中的指定特征的检测来定界。因此,这种可变窗口中缓存的数据,对进行某种特征分析来讲,可能是不完整的,进而导致特征分析的结果只是近似解,而不是精确解。

为了不消耗太多内存空间,但获得较为准确的结果,需要仔细设计近似算法,如衰减窗口和滑动窗口中衰减因子的计算,就可以认为是一种最简单的近似模型。而为了提高数据近似算法的还原度,降低信息损失带来的精度下降问题,需要更复杂的算法,这会导致近似性流数据处理的算法复杂度较高。

1.3.3　流式处理与窗口模型

流数据处理模型的核心思想是支持数据的在线持续处理,主要场景是处理无界数据。这些数据不但是无界的,还具有以下一些特点:

① 流数据中特定事件的到达是无序的;

② 流数据中特定事件的到达是无规律的。

这意味着在进行流数据处理的时候,并不能完全根据数据本身的特性确定目标检测结果所需的数据窗口大小或数据序列规则。本节对窗口型处理模型进行深入探讨。

1. 固定窗口模型

固定窗口将时间切片划分为具有固定大小的时间长度的片段,如图 1-14 所示。固定窗口也可称为快照(Snapshot),虽然与批处理中的窗口划分类似,但由于流数据处理的实时性要求,流数据的固定窗口要更小,以避免窗口过大导致缓存时间过长,影响处理时延。

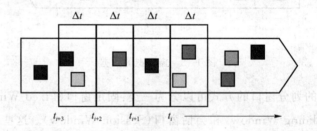

图 1-14　固定窗口模型

在固定窗口划分过程中,固定窗口的窗口大小 Δt 和窗口的处理时间点 t_i 可以不同步。如果窗口大小大于处理时间点之间的时间差,$\Delta t > t_{i+1} - t_i$,则可被称为时间滑动窗口(Time-based Sliding Window/Time-Sliding Window),如图 1-15 所示。

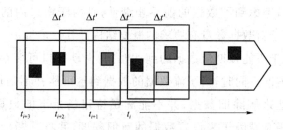

图 1-15　时间滑动窗口模型

固定窗口和时间滑动窗口中,数据也可以根据不同的需求进行窗口对齐,或不对齐。

另外,为了体现窗口内不同时间数据的影响,可以设置一个衰减因子,数据根据到达的时间先后和衰减因子组合计算结果,这样可以保证不同时间到达的数据,其影响随时间的推移逐渐减小。设置了衰减因子的窗口机制可以被称为衰减窗口(Damped Window)。

2. 滑动窗口模型

滑动窗口,或更具体的内容滑动窗口,是按照数据流中的数据数量来划分为具有固定大小的数据量片段,如图 1-16 所示。滑动窗口模型仅关注固定长度的数据,窗口的大小为 W。随着新数据的到达,超过滑动窗口大小的旧数据内容将会被抛弃。

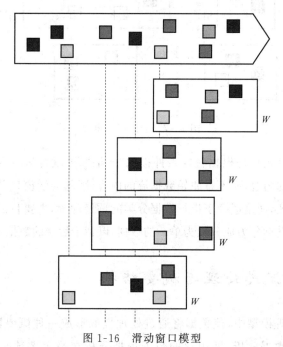

图 1-16　滑动窗口模型

滑动窗口考虑到了数据的前后相继性,且由于窗口内的数据数量是固定的,适合于对数据数量有要求的概要结构计算。

但是,由于不能预期流数据的到达时间,滑动窗口可能存在数据不能及时更新的情况。同时,由于流数据的数据到达可能并不是均匀的,如果按照数据到达来删除旧数据,并不能满足特定场景下的数据分析需求。因此可以采用衰减因子来设置数据的新旧程度,并将判断为一定程度的"旧"数据从数据窗口中删除。这种方式也是一种衰减窗口模型。

3. 会话窗口模型

会话窗口是一种不定长的窗口,窗口的起止可以基于是否从流数据中发现指定特征确定,如图 1-17 所示。但是由于流数据的特点,并不能准确预期从流数据中检出指定特征的时间,这就导致会话窗口的窗口长度不可预期。这可能影响流数据分析的时效性。

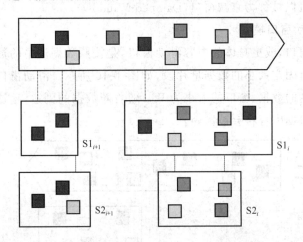

图 1-17 会话窗口模型

由于会话窗口是根据特定条件提取"会话",这就意味着会话窗口的内容是筛选后的内容,而不是原始数据流的内容,因此会话窗口并不适合于提取流数据特征,而是适合于进行数据分类的预处理等,主要目的是将原本混杂的异构数据拆分为成分较为单一的数据,以利于后继的数据分析。

1.3.4 流式处理与概要结构

流式处理模型中,流数据将通过处理提取形成一种概要数据结构,以支持后继的数据分析,即用户的数据挖掘分析在绝大多数时候并不是针对原始数据,而是针对概要数据。因此,概要数据的构建方式成为流式处理模型中的重要环节。而概要数据结构的设计则与流数据分析需求紧密相关。

1. 概要数据结构构建方法

常用的概要数据结构构建方法包括：抽样(Sampling)、直方图(Histograms)、小波(Wavelets)和草图(Sketches)等。

（1）抽样方法

抽样方法是流数据中最简单的概要数据的构建方法之一，其使用与原始数据点相同的多维表示。典型的抽样方法如蓄水池抽样方法，应用非常广泛。

（2）直方图方法

直方图方法通常用在批处理上，因为直方图一般需要完全遍历数据之后才能准确得到直方图各个维度的准确分布。在流数据中，可采用动态规划技术来优化直方图的构建。

（3）小波方法

"小波"就是小的波形，通常用于时频信号分析，它通过伸缩平移运算对信号(函数)逐步进行多尺度细化，最终实现高频处时间细分，低频处频率细分，从而可聚焦到信号的任意细节。小波方法通常被用于各种图像处理及大数据的多维度特性分析。在流数据中，可对小波的主系数进行动态保持，以保证对宏观特征的准确表征。

（4）草图方法

草图方法与小波方法具有相似性，可以被视为小波技术的随机版本，并且是所有方法中最具空间效率的方法之一。然而，由于难以直观地解释基于草图的表示法，因此有时很难应用于任意应用。

2. 概要数据结构构建需求

（1）近似查询估计(Approximate Query Estimation)

查询是数据挖掘中最重要的需求，近似查询估计则是概要结构应用最广泛的问题之一。流数据的查询通常需要在限定时间内完成，因此从效率的角度出发，实时性和准确性的平衡问题就显得特别重要。有很多概要数据结构构建方法，如抽样、直方图、小波和草图等都可用于近似查询估计。

（2）近似连接估计(Approximate Join Estimation)

当数据源中的多个属性需要进行连接，但连接属性的数量有可能特别大时，需要有效估计连接的大小。针对近似连接估计，可使用草图等方法构建概要数据结构。

（3）计算聚合(Computing Aggregates)

在许多流数据计算问题中，可能需要对数据流计算聚合统计信息，如计算频繁项、分位数（Quantile）、命中率（Heavy Hitter）等，在这种情况下，可以使用草图或直方图等概要结构。

（4）其他数据挖掘类应用（Data Mining Applications）

其他更深入的数据挖掘类应用，如聚类、分类、异常检测、回归预测等，都会对概要结构产生一定需求，且不同数据挖掘需求可能的概要数据结构差异会较大，但总的概要结构计算原则应该具有共性。

3. 概要结构设计的基本原则

（1）适用性

虽然不同的数据挖掘需求可能对概要数据结构有不同的要求，但我们仍然希望概要数据结构能够具备一定的适用性，这样底层的数据流可用于尽可能多的不同应用程序。如果概要结构方法的适用范围很窄，则需要为每个应用计算不同的结构。这将减少概要结构的时间和空间效率。

（2）单次约束

由于数据流通常包含大量点，在计算过程中不能多次检查流的内容，因此，所有的概要结构算法都是在一次通过约束下设计的。

（3）时空效率

在许多传统的静态数据集概要方法（如直方图）中，底层的动态规划方法需要超线性的空间和时间。这对于数据流是不可接受的。对于空间效率的情况，不希望具有比流大小更为线性的复杂性。实际上，在一些方法（如草图）中，空间复杂性通常设计为流的域大小的对数。

（4）稳健性

概要结构的错误度量需要根据底层应用程序的需要以稳健的方式进行设计。例如，人们经常观察到，从全局的角度来看，一些基于小波的近似查询处理方法可能是最佳的，但可能会在流中的某些点上提供非常大的误差。这是一个需要设计稳健性度量的问题，例如用于基于流的小波计算的最大误差度量。

（5）进化敏感

数据流很少显示稳定的分布，其随着时间的推移会迅速发展。静态数据集的概要构建方法通常难以适应数据流的快速演化。为此，可以将聚类等方法用于构造概要结构，以适应概要结构的更新，并完成最终应用，如分类。通过设计概要结构，使得其对数据变化有更高的敏感度，也可以用于预测。

1.3.5　批处理与流式处理的对比

由于流数据具有持续抵达、高基数、统计特征随时间变化等特性，这意味着将数据收全之后再进行数据分析处理是不现实的,也不符合流数据实时计算的需求。

批处理与流处理的典型差异如表 1-1 所示。

表 1-1　流处理和批处理对比

	流处理	批处理
输入方式	数据流	数据块
数据量	无界数据	有界数据
存储	内存缓存,非持久化	持久化存储
硬件设施	有限内存	更多的 CPU 与内存
处理方式	一次遍历	多次遍历
时间需求	秒级,甚至毫秒级	长
应用场景	实时类需求应用	广泛场景

（1）输入方式

- 批处理在输入数据的时候,主要采用数据块方式成批加入处理过程;
- 流处理在输入数据的时候,需要应对持续不断的新数据到达或更新,且不一定能够预期数据的到达时间,因此数据的输入呈流式持续抵达状态。

（2）数据量

- 批处理模式的数据总量是可预知的,处理的是有界数据;
- 流处理模式的数据总量是无法预知的,处理的是无界数据。

（3）存储

- 批处理模式是存储—处理—存储交替进行,主要使用外存,如分布式数据库、分布式文件系统等进行大规模数据的存储;
- 流处理模式不进行数据的持久化存储,而仅将数据缓存到内存。

（4）硬件设施

- 批处理模式可以动用大规模并行的计算资源、存储资源;
- 流处理模式一般不会进行大规模并行和分布式存储,且仅需受限的内存资源。

（5）处理方式

- 批处理的处理方式可以多次遍历数据集,以满足最终的数据挖掘需求;
- 流处理则仅能一次处理,或仅针对缓存的数据进行多次遍历。

（6）时间需求
- 批处理的时间要求较为宽松,不具备实时性;
- 流处理则一般要求在秒级甚至毫秒级延迟内得到结果。

（7）应用场景
- 批处理的应用场景广泛,任何实时性要求不高的场景都适合;
- 流处理则主要应对实时类服务,如在线服务状态统计、物联网监测、交通流监控等。

1.4　流数据分析

设想我们建立了一个新闻推送服务,为了能够更好地维持服务运行,我们的运维人员希望能够基于新闻服务端的日志数据流实时获取以下信息。

- 用户刷新新闻的最高频度是什么？可通过这个值来动态更新新闻的最低推荐间隔。
- 在使用新闻服务的用户中,用户刷新新闻的频度有什么分布特征？即不同刷新频度的用户量有多大,以通过这种分布特征决定新闻刷新时推荐的数量。
- 针对某个用户,其刷新新闻的频度属于哪种类型？可通过刷新的频度类型选择不同的新闻推荐数量策略。
- 针对某个用户,或整个服务系统,是否可以预测未来的刷新频度？可根据预测的刷新频度预分配资源,以保证系统稳定运行。

以上场景代表了流数据分析中几种最典型的分析方法:

① 频繁项挖掘（Frequent Items/Pattern Mining）算法;

② 聚类（Clustering）算法;

③ 分类（Classification）算法;

④ 回归（Regression）算法。

1.4.1　频繁项挖掘算法

1. 频繁项

频繁项（Frequent Items）,顾名思义,就是流数据中指定项目出现的频繁程度。

最基本的频繁项问题就是计数问题,进一步扩展的频繁项挖掘可以用于发现各种流数据中频繁出现的模式或结构,这可被称为频繁模式(Frequent Pattern),如一个项目集合(Itemsets)、序列(Sequences)、树(Trees)/子树或图(Graphs)/子图。

频繁项自身表述简单直观,能够直接获取到有用信息,如描述流数据的基本结构,且频繁项挖掘之后的信息可以作为其他更高级的流数据分析算法的基础,如获取关联规则或获取可用于分类或聚类任务的判别特征,因此频繁项被认为是流数据分析中最重要的研究问题之一。

在频繁项挖掘中,传统挖掘算法主要是 Apriori 算法和 FP-Growth 算法,但传统频繁项挖掘算法主要针对全量数据,或界标类型窗口数据,不能适应流数据的快速变化,难以做到增量挖掘。

2. 流数据频繁项挖掘面临的主要挑战

频繁项挖掘面临的主要挑战包括以下两方面。

(1) 由于流数据的持续抵达特性,流数据的频繁项挖掘方法不能采取多次遍历的方式去抽取频繁项集,同时由于流数据的高基数特性,频繁项挖掘需要搜索的空间可能呈指数增长,因此,流数据频繁项挖掘算法需要具有很高的内存效率。

(2) 由于流数据的统计特征变化特性(概念漂移),某些现在频繁的项,未来一段时间可能就不频繁了,而另一些可能现在不频繁的项,未来一段时间可能会变频繁。这意味着频繁模式挖掘需要时间来区分频繁项和不频繁项,频繁项挖掘的实时处理是非常困难的。

因此,频繁项挖掘需要仔细权衡算法的准确程度和计算时间、计算资源与内存资源消耗之间的关系。平衡的结果意味着频繁项挖掘结果通常是近似的,而不是精确的。

3. 常用流数据频繁项挖掘算法

根据概要数据结构形式的不同,目前的频繁项挖掘算法通常分为:基于计数(Counting)的频繁项挖掘、基于抽样(Sampling)的频繁项挖掘、基于草图(Sketches)的频繁项挖掘。

(1) 基于计数的频繁项挖掘算法

基本思想是监测数据流中的项并使用一组计数器记录监测结果。由于流数据的无界性和特征基数大的特性,必须定期清理不是频繁项的计数器,这时就遇到如何对频繁项进行评价的问题。

最具代表性的方法是 2002 年 Manku 和 Motwani 提出的有损计数(Lossy Counting)算法。这一算法跟踪不同项的估计误差,对可能不频繁的项进行删除,以在保证误差边界的条件下,提高空间的利用率。

(2) 基于抽样的频繁项挖掘算法

基本思想是基于概率统计进行抽样,在满足用户指定的错误率条件下,降低样本总量。

代表性方法是黏性抽样(Sticky Sampling)算法。

(3) 基于草图的频繁项挖掘算法

基本思想是利用哈希函数将数据项投影到一个草图上,这样只需要维护一个低维度的草图,就能记录全部到达的数据特征。由于哈希函数存在潜在的冲突问题,因此如何基于数据的特点设置哈希函数,就成为基于草图的频繁项发掘的核心问题。

该方法最具代表性的是 2002 年 Charikar 等提出的 Count Sketch 算法,该算法有一个计数的数组和两个哈希函数,分别用于按照数据大小生成散列值和计算无偏估计,最后再加一个中位数判定,用于返回草图的中位数。

1.4.2 聚类算法

1. 聚类

聚类分析是把数据按照一定的规则分成几个簇,使得簇内对象具有高相似度,簇间对象具有较高的相异度。传统的典型聚类算法如 K-Means、K-Medoids 算法等。

K-Means 算法是从 N 个数据对象中任意选择 K 个对象作为初始聚类中心,计算其他对象与聚类中心的距离(相似度),并与其最相似的聚类中心进行聚合,之后计算簇中各个对象的平均值,选取与平均值最接近的作为新的聚类中心点,重复迭代,直到完成聚类。

K-Medoids 算法与 K-Means 算法类似,区别是在更新聚类中心点的时候,不是按照簇内各个对象的平均值,而是以簇内特定对象与其他对象距离之和最小为新聚类中心点的判定依据。由此可见,典型的传统聚类算法一定是要对数据进行多次遍历和计算的,这明显不能适应流数据环境下的聚类分析。

2. 流数据聚类面临的主要挑战

流数据环境下的聚类分析面临的主要挑战包括以下两个方面。

(1) 由于流数据的持续抵达特性,缓存中不会对历史数据进行持续保存,这就要求流数据的聚类处理过程必须是增量式的,即不仅仅要对新到达的数据进行聚类中心计算和迭代,还不能抛弃之前的聚类挖掘结果,且由于对旧数据的"抛弃",聚类算法必须根据有限的缓存数据和已有的聚类挖掘结果进行聚类中心的更新。

(2) 离群点的影响。聚类处理过程中的关键影响是中心点选取,传统聚类方法可以通过对中心点选取方法的优化,避免离群点对中心点选取造成的影响(如 K-Medoids 通过距离和最小规则避免了聚类中心向离群点偏移),但流数据由于数据的一次性处理特性,难以通过对原始数据的多次遍历完成对离群点的纠偏,需要新的方法来解决。

3. 常用的流数据聚类算法

流数据聚类算法可以分为基于划分的、基于层次的、基于密度的以及基于网格的方法。

(1) 基于划分的聚类方法

基于划分的方法主要基于窗口将流数据分块,采用类似批处理的方式对窗口内数据进行聚类,进而获得流数据聚类的结果。

例如 S. Guha 等提出的基于 K-Means 的 STREAM 算法,在对窗口内数据进行聚类的时候,采用类似 K-Means 的方式基于对象之间距离计算聚类中心,从而将窗口数据划分为 K 个簇,形成聚类结果。由于 STREAM 采用的是窗口模式,STREAM 算法无法在任意时刻给出当前数据流的聚类结果,也没有考虑流数据的演变性,后继的数据窗口聚类结果与之前的历史并无相关性。

(2) 基于层次的聚类方法

基于层次的方法主要将流数据聚类过程划分为在线、离线两个阶段,在线阶段提供"微聚类(Micro-Cluster)"结构,以周期性的存储统计结果,形成增量方式的数据流概要信息;离线阶段提供"宏聚类(Macro-Cluster)",使用微聚类输出的概要信息和用户输入产生最终聚类结果。

例如 CluStream 算法,其同样采用类似 K-Means 的方式,但克服了 STREAM 算法不能实时产生聚类结果的问题。在在线阶段,使用 K-Means 方法形成一组微簇,并记录微簇的结果。在离线阶段,使用改进的 K-Means 方法,对微簇结果进行再次聚类,形成最终的聚类结果。

(3) 基于密度的聚类方法

基于密度的聚类方法主要通过查找被低密度区域包围的高密度区域来进行聚类,能够发现任意形状的簇并且可以去除噪声。

例如 Den-Stream 算法,其采用与 CluStream 算法相似的在线/离线分层方法,在在线阶段提出核心微簇、潜在核心微簇和离群微簇等概念来区分正常簇的数据、可能发展为正常簇的数据和噪声数据,在离线阶段通过类 DBSCAN 算法进行基于密度的宏聚类,以发现任意形状的簇。

(4) 基于网格的聚类方法

基于网格的聚类方法主要是结合基于密度和基于距离的优点,通过划分网格,将数据映射到距离最近的网格上,并通过网格密度对网格进行分簇,如 D-Stream 算法。

1.4.3　分类算法

1. 分类

分类方法的目的是学习一个分类函数或分类模型,并使用该函数或模型将数据项映射到指定类别中的某个类别上。

与聚类方法的目标不同,分类方法并不关心分类后的同类数据项之间是否具有相似度,而仅关心被分类的数据项与分类类别的相似性。因此在分类处理过程中,仅需将到达的数据项与分类类别进行相似性计算,即可完成分类过程。

如 k 近邻分类(k-Nearest Neighbor,kNN)等基于距离的分类算法中,在数据到达的时候仅需与分类器中预先存储的已知样本计算距离(如曼哈顿距离),并根据与哪个分类中的样本距离最近来判定是否属于该分类。

从这一过程可以看到,各种已有的分类算法理论上都是可以应用到流数据分类处理过程中的。但是,如果从流数据中学习分类函数或模型,则会面临很多问题。

2. 流数据分类面临的主要挑战

流数据环境下的分类学习面临的主要挑战包括以下四个方面。

(1) 多数传统分类模型的训练需要预先标注数据项的分类。如没有预先标注能力,则需要使用聚类算法等无监督学习方法,学习目标数据的分簇,并以最终分簇结果确定分类。而如前节所述,并非所有的聚类方法都适用于流数据场景。

(2) 如果希望不需要预先标注数据,而直接从流数据中学习并构建分类函数或模型,则会面临流数据的持续抵达特性带来的问题。例如选择基于决策树构建分类模型时,传统方法需要多次遍历数据,以决定当前节点进行分裂和成长新分支的最佳分裂属性及其度量阈值,并最终迭代生成完整的树。由于流数据的持续抵达特性,对全量数据的多次扫描是做不到的,需要修正算法。而传统分类算法中的集成学习算法,如 Bagging 方法、随机森林(Random Forest,RF)方法、Boosting 方法等,由于需要对多个基分类器进行组合分类,或进行多轮训练寻找最优权重,难以避免对全量数据的多次扫描,无法满足流数据的分类要求。

(3) 由于流数据的统计特征变化特性(概念漂移),当前训练好的分类器可能仅对短时间内抵达的数据有较好的效果,随着流数据统计特征逐渐变化,分类器如果不能持续更新,可能对后继抵达的数据完全失效。因此分类器的持续更新能力是流数据分类器面临的重要问题。

(4) 一些基于距离的分类算法(如 kNN)采用与已知分类中全体样本进行距离计算的方式,虽然计算精度高,对异常值不敏感、无数据输入假定,但其计算复杂度和空间复杂度都很高,仅能在一些数据量相对不大、实时性要求不太高的场景下使用。

3. 常用流数据分类算法

面向流数据的分类方法主要包括基于距离的分类方法、基于决策树(Decision Tree)的分类方法和贝叶斯(Bayesian)分类方法等。

(1) 基于距离的分类方法

基于距离的分类方法主要采用计算样本间距离的方式,计算待分类对象与分类之间的距离,并判断所属分类。

如 kNN 算法可以基于欧式距离、曼哈顿距离、闵可夫斯基距离、马氏距离等计算待分类对象与样本之间的距离,并通过距离最近的 k 个样本的分类属性投票作为待分类对象的类别。根节点开始到叶节点的每条路径构建一条规则,内部节点的特征对应着规则的条件。整棵树满足一个重要性质:每一个训练数据实例都被一条唯一的路径覆盖。

数据分析
中的距离

(2) 基于决策树的分类方法

基于决策树的分类方法基于特征对实例进行划分,将其归到不同的类别。

决策树由树节点与边组成,其节点有两种类型,即内部节点和叶节点。内部节点表示一个特征或者属性,叶节点代表类别。决策树的学习过程是进行一个递归选择最优特征的过程,用最优特征对训练数据集进行分割,对分割后的两个子数据集,选择各自子数据集的最优特征继续进行分割。如果某个子数据集已经能够正确分类,则将该节点改为叶节点,否则一直递归寻找最优特征直到没有合适特征为止。

基于决策树的分类方式是否适合流计算关键是特征的选择与构建方式。传统方法通常按照信息增益(ID3)或信息增益比(C4.5)选择特征,计算信息增益和信息增益比的方法主要基于引入新变量后"熵"(Entropy)的变化,但熵的计算有赖于全部训练数据,这就导致传统方法并不适用于流数据处理。

数据分析
中的熵

适合流数据特点的决策树分类方法主要有 VFDT(Very Fast Decision Tree)和 CVFDT(Concept-adapting Very Fast Decision Tree)。

VFDT 主要基于 Hoeffding 不等式给出的随机变量的和与其期望值偏差的概率上限,定义二分类的误差上界,从而使用少量数据样本就能获得较好的分支分裂效果,从而避免了对全部数据的遍历。

CVFDT 则是在 VFDT 基础上提出的能够应对概念漂移的方法,其核心是将 VFDT 应用到滑动窗口上,从而在不断变化的数据中生成决策树。

(3) 贝叶斯分类方法

贝叶斯分类方法是一种基于贝叶斯定理的分类方法。贝叶斯定理是某一随机事件发生的条件概率(事件 A 发生的前提下,事件 B 发生的概率),贝叶斯分类方法则通过计算待分类项出现条件下,每一个类别出现的概率来对待分类项进行分类。

典型的贝叶斯分类方法包括朴素贝叶斯(Naive Bayes)、多项式朴素贝叶斯(Multinomial Naive Bayes)等。

贝叶斯算法计算量小、计算简单,属于增量算法,非常适合于流数据的情景。但贝叶斯算法假设各个属性是相互独立的,这使得其仅适合特定场景的分类。

4. 流数据分类性能评价

在传统的基于批量处理模式的分类分析过程中,一般是将数据随机划分为训练集(Train)、评估集(Valid)、测试集(Test)。训练集用于训练模型,评估集用于模型优化,测试集则用于验证模型对训练之外数据的泛化效果。

如果数据数量有限,也可以进行交叉验证(Cross-Validation),如 K 折交叉验证(K-fold Cross-Validation),将样本集分割成 K 组子样本集,在训练过程中,保留一个子样本集作为验证模型的数据,其他 $K-1$ 个子样本集用来训练。将每一个子样本集作为测试样本,交叉验证重复 K 次,对 K 次结果合并(如取平均)为最终的评价。

但是在流数据分析过程中,由于数据流是无穷尽的,如何在数据流中对分类器性能进行评价就成了一个不可忽视的问题。

在具体执行过程中,可以分为以下两种方式。

(1) 固定式(Holdout)

数据流到达时,将数据样本缓存,并根据训练集、测试集的方式对样本进行分组,训练分类器。

这一模式的好处是,可以使用多种方法构建分类器,并使用相同的样本集进行训练和测试,从而能够对比不同分类器的性能。

这种方式存在的问题是,缓存的数据样本训练出的分类器仅对当前样本有效,如果数据流产生概念漂移,则训练出的分类器将会失效。但由于这一方式需要缓存一定量的数据,因此分类器无法实时更新。这就导致对存在概念漂移的数据流适应性不强。

（2）交错式（Interleaved）

当数据流到达时，对到达的数据样本先进行分类测试，后将确认分类的样本继续用于分类器训练。这样可以持续维持分类器的分类性能，避免分类性能的退化，且能够较好地适应概念漂移。

1.4.4　回归算法

1. 回归

回归方法的目标是学习一个函数或模型，使得该函数或模型能够估计一个或多个自变量与因变量之间的关系，校验这些关系的可信程度，判断自变量是否存在影响，并估计未知参数的取值。

回归问题的本质是使用一个函数或模型对输入样本进行"拟合"，使得这个函数或模型能够描述输入样本的重要特征，且在"拟合"的过程中误差最小。

在拟合函数或模型基础上，回归可以预测未知数据的分布，从而保证预测的未知参数取值与真实参数取值误差最小。因此，虽然准确的预测未知参数是不现实的，但回归的预测能够在一定程度上接近正确的值。

2. 回归、聚类、分类的差异

回归、聚类、分类都是在学习已知数据的特征规律，但存在一定的差异。

（1）目标差异

在使用目的上，聚类、分类、回归具有不同的目标。

聚类的目标是对已知数据的分布特征规律进行挖掘以获得不同集合，分类则强调根据挖掘出的特征规律对新到达数据的归属集合进行判定，回归则强调的是通过学习到的特征规律，或预测未来数据的分布位置（线性回归），或预测未来数据的二分类分布概率（逻辑回归）。

（2）特征规律差异

从特征规律的挖掘上，聚类强调的是类内对象的高相似度和类间对象的高相异度，分类强调的是类间的区分度及目标对象与类的相似度，而回归则强调的是对数据分布特征函数的拟合。

由于回归的函数拟合功能，回归方法能够对数据分布的特征进行准确的数学描述，因此回归作为一种良好的方法，被广泛应用到各种聚类和分类的过程中。

3. 回归算法的分类

根据回归的函数类型，回归可被分为以下几类。

（1）参数回归（Parametric Regression）

参数回归是预先估计数据的分布，并假设具体的回归函数（如线性、平方项、交互项、对数等），然后再估计其中的参数。

如线性回归（Linear Regression），就是使用属性的线性组合来进行"拟合"的线性模型。线性回归的目的是找到一条直线、一个平面或者更高维的超平面，能够"拟合"各个对象之间的关系，最终当线性回归用于预测的时候，可以保证预测值与真实值之间的误差最小。

如果预期的函数不是线性的，则可以是非线性回归（Non-Linear Regression），或多项式回归（Polynomial Regression），即自变量的指数大于1，拟合出的是曲线。虽然多项式回归可能能够更准确地进行函数拟合，但如果指数选择不当，却极易陷入过拟合。

（2）非参数回归（Nonparametric Regression）

非参数回归是在不知道数据分布的情况下进行的一种统计推断回归方法，如 k 近邻回归、核回归（Kernel Regression）、局部加权线性回归（Locally Weight Linear Regression）。

k 近邻回归相当于加权 kNN，是一种基于聚类的"拟合"技术，即用加权后的样本点间的距离来"拟合"回归函数。

还有一种方式是学习自变量和因变量之间的线性和非线性关系，构建回归树。在构建回归树过程中，数据在多个点上被分割，在每个分割点，计算预测值和实际值之间的误差，并在自变量之间进行比较，选择预测误差最小的自变量和分裂点组合作为实际分裂点。与构建分类树的区别在于，回归树是衡量预测点和真实点的误差，而不是训练值自身的偏差。典型的构建回归树的方法如 FIMT 算法等。

非参数回归不预设回归函数，因此回归函数形式自由，能够应对非线性、非齐次问题，适应能力强，稳健性高，回归模型精度高且完全由数据驱动。但问题是对样本数量有较高的要求，小样本效果差，且回归的收敛速度慢，容易导致过拟合，并导致无法外推预测。

（3）逻辑回归（Logistic Regression）

回归方法中还有一种被称为逻辑回归，但一般认为逻辑回归不属于"回归"方法，而属于"分类"方法，因为逻辑回归输出的是离散值而不是连续值。

通常将预测一个连续变量的回归方法称为线性回归，将预测一个离散变量的回归方法称为逻辑回归。但本质上，逻辑回归是使用线性回归的方法对目标数据属于正例还是负例的对数概率进行预测。即使用一个线性回归和一个 Logistic 函数（对数概率，一般使用 Sigmoid 函数）串接，来拟合目标数据的对数概率取值,并基于对数概率的二分性(对数概率越高,正例可能性越高),实现目标数据的二分类,如图 1-18 所示。

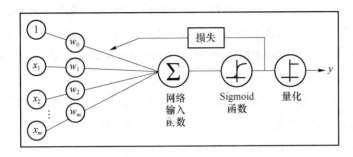

图 1-18　逻辑回归模型结构示例

在逻辑回归中串接的线性回归拟合的不再是数据分布的线性函数,而是数据二分类边界的线性函数,并通过 Sigmoid 函数的非线性化映射,将预测数据的取值映射为 0~1 的取值概率,因此逻辑回归可以实现二分类。

通过该非线性化映射函数,逻辑回归也可以实现多分类,因此逻辑回归还可分为二元逻辑回归、多元逻辑回归等。

4. 流数据回归面临的主要挑战

流数据环境下回归方法面临的主要挑战与聚类和分类学习面临的挑战类似,包括以下三个方面。

(1)流数据的持续抵达特性导致流数据的回归处理过程也必须是增量式的,即必须在已经拟合出的函数或模型基础上,持续地使用新到达的数据进行迭代,从而完成模型更新。

(2)离群点的影响。当使用线性回归进行参数回归时,由于线性回归的因变量是自变量的线性函数,如果使用离群点作为样本参与训练,将极大地影响回归的精度。当使用 k 近邻方式进行非参数回归时,则与聚类类似会遇到离群点对回归精度的影响,即离群点会造成与聚类中心点的显著偏离,且无法通过对原始数据的遍历完成纠偏。

(3)回归同样面临流数据的统计特征变化特性(概念漂移)的影响,回归的目的是对输入样本的特征函数或特征模型的"拟合",但当新的样本输入的时候,如何分辨这个样本带来的偏差是离群点导致的还是概念漂移导致的,成为回归模型能否准确"预测"的关键问题。

5. 常用的流数据回归算法

常用的面向流数据的回归方法可以使用参数型回归中的线性回归、非参数型回归中的 k 均值回归及逻辑回归等。

6. 流数据回归性能评价

线性回归方法主要通过最小化预测值与真值之间的距离来估计线性函数的权重,常用平方损失函数进行预测值与真值的误差评价,通常的评价指标包括均方误差(Mean Squared Error,MSE)、均方根误差(Root Mean Squared Error,RMSE)、平均绝对误差(Mean Absolute Error,MAE)、R-Squared(R 方)。

当回归模型进行训练的时候,这些评价指标将作为损失函数(Loss Function),用以描述预测值与真值的偏差,并通过梯度下降法等最优化方法寻找损失函数的最小值,完成回归模型的训练。

当回归模型用于预测的时候,则可以使用这些指标评价预测值是否与真值存在较大的偏差,如果偏差较大,则可认为真值不符合回归训练出的模型,即系统存在异常的可能,即异常检测(Anomaly Detection)。

在日常应用中,可以使用先测试后训练(Test and Train)的方式,将经过测试的真值作为样本输入回归模型中用以训练线性函数。为了避免离散点对线性回归精度的影响,可以考虑采用平均绝对误差而不是均方误差作为损失函数。均方误差受离散点影响较大但收敛快,平均绝对误差受离散点影响小但收敛慢。或者使用 Huber Loss 等损失函数,以兼顾收敛速度与离散点的影响。

1.5　流数据机器学习

机器学习(Machine Learning)被认为是一种生产算法的算法,主要通过特征的提取,去训练并获得一个能够实现聚类、分类、回归等特定目的的算法模型。

在流数据环境下,由于数据的持续抵达,传统的机器学习方法已经不再适用,需要考虑适合流数据特点的方法。流数据环境下的机器学习方法主要思路有两种:

① 基于流数据的窗口机制,在窗口上使用传统机器学习算法;

② 根据流数据持续抵达的特点,在每一个时间点上,通过算法进行动态预测,从而支持模型的时间进化。

很明显,第一种模式由于流数据的窗口限制,难以获得全面的特征来描述流数据,可能会导致学习的结果无法很好地与流数据发展趋势拟合。

对于第二种模式,则可以进一步划分为在线学习(Online Learning)、增量学习(Incremental Learning)、演化学习(Evolutionary Learning)。

1. 在线学习

在线学习主要强调的是根据线上实时反馈的数据进行模型调整,从而提高在线预测的准确率。在线学习主要针对时间序列数据,解决基于回归的预测问题。在线学习方法主要针对时间点 t 获得的一个观察样本和预测样本,计算遗憾值(Regret)边界,通过寻求遗憾值最小来优化预测算法,从而实现模型的动态调整。在线学习通过在线数据的持续更新来寻找最优参数,从而保证随着时间推移,模型越来越精确。

在线学习的典型代表是通过在线梯度下降(Online Gradient Descent,OGD)和随机梯度下降(Stochastic Gradient Descent,SGD)来求解线性回归。如通过 OGD 求解在线 ARMA/ARIMA 模型的拟合参数,通过 SGD 模型来求解岭回归。如果目标函数不可微,导致不能使用 OGD/SGD,则还可以使用近端梯度下降(Proximal Gradient Descent,PGD)法,PGD 使用临近算子作为近似梯度,从而可以使用梯度下降求解目标函数不可微的最优化问题。PGD 可用来求解 LASSO 回归问题。OGD 和 SGD 的进一步发展是 FTL(Follow The Leader)和 FTRL(Follow The Regularized Leader)算法,FTL/FTRL 算法的思想是每次找到让之前所有损失函数之和最小的参数,从而加速收敛。

除了线性回归问题,在线学习的另一个典型代表是贝叶斯在线学习(Bayesian Online Learning)。贝叶斯在线学习方法通过给定参数先验,在数据到达后计算后验,并将其作为下一次预测的先验,并如此循环反复,从而实现对流数据的持续学习。贝叶斯在线学习的典型代表是贝叶斯概率回归(Bayesian Probit Regression,BPR)。

2. 增量学习

增量学习主要对应传统的批量学习(Batch Learning)。

传统的机器学习需要一次性准备好全部数据,并挖掘数据的特征,学习目标模型。当数据更新后,需要抛弃以前的学习结果,并重新训练和学习。增量学习则是充分利用历史训练结果,在获得新数据样本后,在保存大部分已经学习到的知识的基础上,从新样本中提取新的知识。由于增量学习并不需要保存旧有的数据,因此能够适应流数据处理的需求。

一些传统的机器学习算法都在被改造为支持增量学习方式,如增量支持向量机(ISVM)、在线随机森林(ORF)、自组织增量学习神经网络(SOINN)、深度自适应增量学习(Incremental Learning Through Deep Adaptation)等。通常我们在进行机器学习的时候,会将原始数据进行特征变换,如统计特征的最小值、最大值、均值、方差、变异系数、k 阶原点矩、k 阶中心距、偏度、峰度等,当新的数据到达的时候,我们可以将这些特征的统计量进行更新,以完成增量学习。这也表明了增量学习与在线学习的差异:增量学习需要成批地处理增量数据,因此更适合时间窗口式的流数据微批处理。理论上,可以使用随机梯度下降实现增量学习的增量训练。

3. 演化学习

演化学习是基于演化算法(Evolutionary Algorithm)进行的一种机器学习算法。演化算法也称为进化算法,主要包括遗传算法(Genetic Algorithm,GA)、粒子群(PSO)算法、模拟退火(SA)算法等启发式算法(Heuristics Algorithm),基于种群的全局搜索和基于个体的局部启发式搜索相结合的文化基因算法(Memetic Algorithm,MA),及针对多目标问题的优化求解算法:进化多目标优化算法(Multi-Objective Evolutionary Algorithm,MOEA)等。

演化算法是传统基于微积分的方法和穷举方法之外的一种优化方法,其主要解决参数优化、调度决策等问题,与在线学习和增量学习解决的不是一个层面的问题。

1.6 小　　结

流数据分析是大数据分析领域的一个重要分支,由于流数据与传统大数据存在的特性差异,流数据的处理技术与分析技术与传统大数据存在显著不同。最明显的是流数据存在的数据持续抵达特点、高基数特点、统计特征变化特点,导致流数据的处理无法使用批处理模型,而必须使用微批处理或流式处理模型。同时,为了提高应用的响应速度,流数据需要使用概要数据结构来支持数据的快速处理。而数据潜在的概念漂移,可能导致概要数据结构进行的特征抽取随时间推移而产生偏差。这一系列问题都导致流数据的处理方式和分析方式与传统大数据有很大不同。

本章从大数据与流数据的场景、特点等差异出发,阐述了流数据处理的处理模型,及其与批处理模型的差异,并分析了适合流数据处理要求的数据处理、数据分析方法。

本章知识点

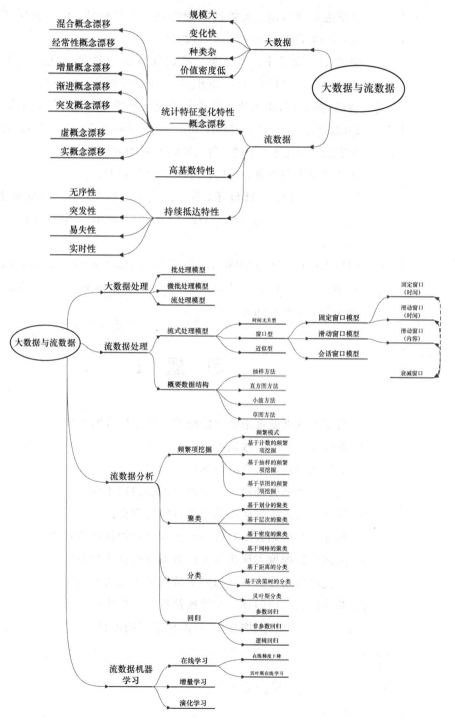

扩展阅读

[1] 李学龙，龚海刚. 大数据系统综述. 中国科学：信息科学，2015，45：1-44. DOI：10. 1360/N112014-00290.

[2] 金澈清，钱卫宁，周傲英. 流数据分析与管理综述. 软件学报，2004,15(8):1172-1181. DOI：1000-9825/2004/15(08)1172.

[3] 谈超，关佶红，周水庚. 增量与演化流形学习综述. 智能系统学报，2012, 7(5)：377-388. DOI：10. 3969 /j. issn. 1673-4785. 201204028.

[4] 李志杰，李元香，王峰，等. 面向大数据分析的在线学习算法综述. 计算机研究与发展，2015, 52(8):1707-1721.

[5] 潘志松，唐斯琪，邱俊洋，等. 在线学习算法综述. 数据采集与处理，2016，31（6）：1067-1082. DOI：10. 16337/j. 1004-9037. 2016. 06.001.

[6] CHARU C. AGGARWAL. Data Streams：Models and algorithms.

[7] Carey M J，Ceri S. Data Stream Management：Processing High-Speed Data Streams.

习 题 1

1. 简述大数据处理思维与传统数据挖掘思维的差异。

2. 简述流数据与大数据的区别与联系。

3. 简述批处理模型与流处理模型的差别。

4. 简述流数据处理模型不同窗口机制的适用性。

5. 简述引入流数据概要结构的目的与意义。

6. 简述流数据频繁项算法与传统数据分析算法的差异。

7. 简述流数据聚类算法与传统数据分析算法的差异。

8. 简述流数据分类算法与传统数据分析算法的差异。

9. 简述流数据回归算法与传统数据分析算法的差异。

10. 简述在线学习、增量学习、演化学习的差异。

第2章

流数据概要结构构建技术

第 1 章简单介绍了传统大数据处理过程中通常使用两种处理模型,分别是批处理模型和流式处理模型。两种处理模型最大的区别在于,流式处理模型考虑到流数据的持续抵达、高基数、统计特征可能变化等特点,在数据处理过程中强调采用窗口/滑动窗口、概要结构等技术,避免对数据的多次遍历,在保证一定流数据处理精度的条件下,尽可能提高流数据处理的实时性。

针对流数据的概要数据结构,一般可以认为是一种按照流数据处理模型,使用一定流数据分析技术,构建出的一个流数据的主要特征集。流数据概要结构一方面是流数据关键特征的抽取,以方便应用快速查询;另一方面也能够为其他更深度的流数据特征挖掘提供基础。

本章将重点阐述流数据概要结构构建所涉及的一些关键技术和方法。

2.1 流数据处理的概要结构

由于流数据的持续抵达,流数据处理模型会在内存中维护一个远小于源数据规模的概要数据结构,并在新数据到达的时候更新这个概要数据结构,以支持快速的数据特征提取或状态查询。

根据需求的不同,概要数据结构可以采用抽样、草图、小波、直方图等方式构建。

- 抽样方式适合于建立一个原始数据的样本集,目的是通过尽可能保证样本集与原始数据集的相同分布,从而能够将传统的数据挖掘处理方法应用到概要数据结构上,去获取流数据的统计特征。

- 草图的方法主要用于快速抽取常用的统计型的指标,如频繁项、基数、新数据是否在数据集中存在等,其价值是能够以最少的空间占用和最快的速度,响应对流数据特征的查询。
- 小波的方法则是用多阶的误差树来刻画原始数据,其中高阶系数反映了数据的大趋势,而低阶系数反映了更局部的趋势,从而不必缓存原始数据,可以根据需求,通过选取不同阶或不同值的小波系数,获取流数据的不同粒度细节。
- 直方图方法则主要用于对流数据分集,通过与抽样、小波、草图等不同方法的整合,实现对概要结构的不同轮廓的刻画。

2.2 抽样概要结构

2.2.1 抽样

抽样是生成概要数据结构的基本方法,该方法从原始数据集 N 中抽取小部分样本形成样本集 S,代表整合数据集,从而减小数据集规模,使得传统数据挖掘算法能够被应用到大规模数据集或流数据集上。

抽样是一种通用的近似技术,优点是算法简单高效,且能够提供可证明的无偏估计和误差保证,因此成为数据挖掘领域最常用的方法之一。另外,与直方图、草图、小波等其他方法相比,抽样方法比较容易应用到高维场景。

设流数据全集为 N,数据内容为 $X_1 \cdots X_n$,预期的数据挖掘结果是获得函数 $f(N)$。抽样方法就是基于抽样集合 S,获得抽样的函数 $f(S)$,且 $f(S)$ 能够与函数 $f(N)$ 一致,或能够通过对函数 $f(S)$ 的均值 μ 和标准差 σ 等的计算,估计函数 $f(N)$。用于估计 $f(S)$ 概率界限的这些不等式被称为尾界(Tail Bounds)。

抽样方法可以分为均匀抽样(Uniform Sampling)和偏倚抽样(Biased Sampling)。

- 均匀抽样的含义是数据集 N 中各元素以相同的概率被选取到抽样的样本集合 S 中,如使用固定的时间间隔进行抽样。
- 偏倚抽样的含义是数据集 N 中不同元素入选样本集合 S 的概率不同,如考虑空间网格划分,基于不同密度设置不同的概率进行抽样。

1. 均匀抽样

均匀抽样方法主要包括伯努利抽样(Bernoulli Sampling)方法和水库

抽样(Reservoir Sampling)方法。

- 伯努利抽样方法假定数据集 N 中各元素服从伯努利分布,即元素 $X_1 \cdots X_n$ 是独立同伯努利分布(Bernoulli Distribution,或称 $0-1$ 分布)的随机变量,抽样样本入选概率为 $p \in (0, 1]$,落选概率 $q = 1-p$。此时,抽样概率为 $P(S; N) = p^{|S|}(1-p)^{|N|-|S|}$。伯努利采样的优点是采样均匀,过程简单,时间成本低。缺点是对数据集分布概率需要有预知。

- 水库抽样方法中样本集 S 的大小为 s,设第 n 个抽样样本的入选概率为 $\min\{1, s/n\}$,如果当前样本集合中的样本量超过抽样集大小 s,则从样本集合 S 中随机去除一个样本。水库抽样的优势是只需单遍扫描数据集,同时各个元素入选抽样数据集合的概率相同,因此是一种重要的随机均匀抽样方法。

水库抽样的进一步发展包括简明抽样(Concise Sampling)方法、链式抽样(Chain-Sampling)方法、黏性抽样(Sticky Sampling)方法、有损计数(Lossy Counting)方法等。

- 简明抽样主要针对数据集合中某些元素存在的重复性导致的样本重复问题,改进了抽样的表示方法。样本集中的每一个样本都设置一个计数器,在样本第一次加入样本集合的时候,采用水库抽样方法。若样本在样本集中存在(计数器≥1),则设一个初始值为 1 的概率参数 τ,将重复样本以概率 $1/\tau$ 加入样本集合。如果当前样本集合中的样本量超过抽样数据大小 s,则调整概率 τ 到 τ',且 $\tau' > \tau$,并以 τ/τ' 的概率减少样本的计数,直至删除样本。简明抽样方法能够通过逐步提高参数 τ 的值,实现数据流上的均匀抽样。

- 链式抽样则主要针对滑动窗口,使得从滑动窗口上也能进行随机均匀抽样。设滑动窗口大小为 W,则第 n 个数据元素将以 $1/\min(n, W)$ 的概率添加到样本集合中。特定的样本在加入样本集合中的时候需确定一个备选数据元素,即从窗口范围 $[n+1, \cdots, n+W]$ 中随机选择。当备选元素到达的时候,将替代原有样本取值,同时需要再次选择其备选数据元素,从而实现"链"式的样本集合中的样本更新。

2. 偏倚抽样

偏倚抽样方法主要包括计数抽样(Counting Sampling)方法、加权抽样(Weighted Sampling)方法。

- 计数抽样进一步改进了简明抽样,当样本量超过抽样集大小 s 时,首先将参数 τ 提高到 τ',先以概率 τ/τ',之后以概率 $1/\tau'$ 判断样本集中的样本计数器是否减 1。如果样本计数器取值减为 0,则删除该样本。计数抽样方法能有效地获得数据集中的热门元素。

- 加权抽样是带权值的偏倚抽样,目的是针对分布不均衡的数据集,解决均匀抽样带来的不准确问题。加权抽样实际就是将使用率高的小数据集赋予更大的权重,以体现数据集的实际分布。

3. 混合抽样

考虑到均匀抽样与偏倚抽样的特点,还有两者相结合的抽样方法,即混合抽样方法,主要包括国会抽样(Congressional Sampling)、分层抽样(Stratified Sampling)等。

- 国会抽样是均匀抽样和偏倚抽样的综合,即将数据集进行分组,在不同分组内进行独立的水库抽样,不同组之间使用加权抽样。国会抽样的目的是根据不同组的属性特点,在体现大组抽样率比小组高的条件下,避免小组样本的代表性不足问题,从而兼顾组内的公平性和组间的影响力。
- 分层抽样与国会抽样类似,区别是利用数据分布的历史经验对数据进行分层,重要的层被设置为大组,抽取更多的采样点,从而在数据特征分布不均匀的时候正确体现数据的重要特征。如将数据高方差部分分为大组,从而使得样本集的方差最小化,避免偏差。

2.2.2　伯努利抽样

伯努利抽样方法假定数据集 N 中各元素服从伯努利分布,即元素 $X_1 \cdots X_n$ 是独立同伯努利分布的随机变量,抽样样本入选概率为 $p \in (0, 1]$,落选概率 $q = 1 - p$,n 为随机变量的个数。在 n 次处理过程中,成功次数不超过 k 次的概率为:

$$P(H(n) \leqslant k) = \sum_{i=0}^{k} \binom{n}{i} p^i (1-p)^{n-i}$$

其中,$H(n)$ 为 n 次处理出现成功的次数。

对于任意 $\varepsilon > 0$,当 $k = (p - \varepsilon)n$ 时,Hoeffding 不等式可以表示为:
$$P(H(n) \leqslant (p - \varepsilon)n) \leqslant \exp(-2\varepsilon^2 n)$$
即,上面不等式确定的霍夫丁上界将会按照指数级变化。

对于任意 $\varepsilon > 0$,当 $k = (p + \varepsilon)n$ 时,Hoeffding 不等式可以表示为:
$$P(H(n) \geqslant (p + \varepsilon)n) \leqslant \exp(-2\varepsilon^2 n)$$
即,上面不等式确定的霍夫丁下界也将会按照指数级变化。

综上,当 $H(n)$ 的取值范围确定时,成功的概率下界也就确定了,如下所示：

$$P((p-\varepsilon)n \leqslant H(n) \leqslant (p+\varepsilon)n) \geqslant 1-2\exp(-2\varepsilon^2 n)$$

如果 $X_1 \cdots X_n$ 这组随机变量的均值为：

$$\overline{X} = \frac{X_1 + X_2 + \cdots + X_n}{n}$$

且 X_i 的边界范围确定（即 X_i 属于 $[a_i, b_i]$），则预期的下界为：

$$P(\overline{X} - E[\overline{X}] \geqslant t) \leqslant \exp\left(-\frac{2n^2 t^2}{\sum\limits_{i=1}^{n}(b_i - a_i)^2}\right)$$

$$P(|\overline{X} - E[\overline{X}]| \geqslant t) \leqslant 2\exp\left(-\frac{2n^2 t^2}{\sum\limits_{i=1}^{n}(b_i - a_i)^2}\right)$$

真值的估计范围可以理解为：

$$\alpha = P(\overline{X} \notin [E[\overline{X}] - t, E[\overline{X}] + t]) \leqslant 2e^{-2nt^2}$$

其中：

$$n \geqslant -\frac{\log(\alpha/2)}{2t^2}$$

即，只要保证取值的数量 n 大于该数量，就可以使得估值接近真值，即样本的期望将接近总体期望。

伯努利抽样算法的实现流程如图 2-1 所示。

```
// q 为伯努利抽样率
// eᵢ 为抵达的元素 (i≥1)
// m 为下一个元素的索引（静态变量初始化为 0）
// B 为流元素的伯努利采样（初始化为∅）
// Δ 为步长
// random() 返回一个伪随机数，取值范围为(0, 1]

1   if m = 0 then                      //初始化步长
2       U ← random()
3       Δ ← ⌊log U/log (1-q)⌋
4       m ← Δ + 1                      //计算第一个元素插入位置的索引
5   if i = m then                      //将元素插入抽样集合，并计算步长
6       B ← B ∪ {eᵢ}
7       U ← random()
8       Δ ← ⌊log U/log (1-q)⌋
9       m ← m + Δ + 1                  //更新下一个元素插入位置的索引
```

图 2-1　伯努利抽样算法

2.2.3　水库抽样

传统数据挖掘过程中的抽样方法可以确定获知目标数据的总量，但流数据环境中，数据集 N 的总量是无法预知的，样本集中特定样本的概率

也不能预先确定,需随数据而变化。水库抽样方法最初用于从磁带等磁存储设备的数据中进行数据分析,由于磁带的特性,只能对磁带进行顺序访问,这种场景与流数据一致。

设样本集 S 的数量为 s,我们希望从数据流中获得大小为 s 的无偏样本。

数据流中的前 s 个点被添加到样本集中进行初始化。随后,当接收到来自数据流的第 n 个点时,将其以概率 s/n 添加到样本集中。如果当前样本集合中的样本量超过抽样集大小 s,则对样本集中的样本进行等概率抽样,然后将其移除。

对水库抽样的无偏证明可以使用归纳法。

样本集中包含第 $n+1$ 个点的概率为 $s/(n+1)$。

最后 n 个点中的任意一个点被包含在样本集中的概率是由与第 $n+1$ 个点是否被添加到样本集对应的事件的概率之和定义的。

根据归纳假设,我们知道前 n 个点包含在蓄水池中的概率相等,并且概率等于 s/n。

这些样本保存在样本集中的概率是 $(s-1)/s$,当第 $n+1$ 个元素被加入时,则样本集中的样本还能被保存的条件概率是:

$$(s/n)(s-1)/s=(s-1)/n$$

将第 $n+1$ 个点是否被加入样本集中的情况的概率求和,得到总的可能性:

$$(s/(n+1))(s-1)/n+(1-(s/(n+1)))(s/n)=s/(n+1)$$

因此,每一个数据元素被包含在样本集中的概率都等于 $s/(n+1)$。

所以,在流数据抽样过程结束时,流中所有的数据元素被包含在样本集中的概率都相同,等于 s/N。

水库抽样实现流程如图 2-2 所示。

2.2.4 简明抽样

虽然目前的计算量和存储量都非常大,如服务器内存普遍可达到 $32\sim64$ GB,但在处理数以 T 计甚至数以 P 计的海量数据过程中,样本集的大小仍然将远远小于数据集,即样本集可消耗的内存仍然是受限的。同时,在流数据处理过程中,数据集中属性的取值数量可能明显小于数据流的大小,即数据集中可能存在大量重复取值的数据元素。此时,采用水库抽样或伯努利抽样,可能出现大量的样本取值相同的情况,这样内存的利用率并不高,可能难以应对内存受限的场景。

// k 为蓄水池的容量且 n 为窗口内的元素数量
// e_i 为抵达的元素 ($i \geq 1$)
// m 为下一个将要加入蓄水池的元素 $\geq e_k$ 的索引（静态变量初始化为 k）
// r 为长度为 k 的存储蓄水池元素的数组
// Δ 为步长
// α 为算法的参数，通常 $\approx 22k$
// random()返回一个伪随机数，取值范围为[0, 1]

```
1   if i < k then                                //初始填充蓄水池
2     r[i] ← e_i
3   if i ≥ k and i = m
4   //在蓄水池中插入 e_i
5     if i = k                                    //无须移除元素
6       r[k] ← e_i
7     else                                        //移除一个蓄水池内的元素
8       U ← random ()
9       I ← 1 + ⌊kU⌋                              //I 的取值为{1, 2, ···, k}
10      r[I] ← e_i
11    //生成步长 Δ
12    if i ≤ α then                               //逆变换采样
13      U ← random ()
14      找到最小的非负整数 Δ 使得
15      (i + 1 − k)^(Δ+1)/(i + 1)^(Δ+1) ≤ U        //评估 F_i^{-1}(1 − U)
16    else
17      repeat                                     //接受-拒绝采样+压缩
18        V ← random ()
19        X ← i(V^{−1/k} − 1)                      //通过反演由 g_i 生成样本
20        U ← random ()
21        if U ≤ h_i(⌊X⌋)/c_i g_i(X) then break
22      until U ≤ f_i(⌊X⌋)/c_i g_i(X)
23      Δ ← ⌊X⌋
24    //更新下一个将要插入元素的索引
25      m ← i + Δ + 1
```

图 2-2   水库抽样算法

采用简明抽样方法可以明显提高内存的利用率。简明抽样方法中，每一个样本集中的样本都使用一个键值对＜value，count＞来维护，其中 value 为样本取值，count 为样本在样本集中出现的次数。在数据集中属性的取值数量可能明显小于数据流大小的情况下，重复数据属性取值的样本将只会修改 count 的取值，而不会增加样本集的空间占用。

具体处理过程如下。

使用一个初始化取值为 1 的阈值参数 τ 来定义从流数据中连续抽样的概率。当流数据中的元素到达时，我们将数据元素以 $1/\tau$ 概率添加到样本集中。

如果相应的元素在样本集中已经存在＜value，count＞键值对，则只需要将该键值对中的 count 计数增加 1，样本集的内存占用空间大小不变。

如果相应的元素在样本集中不存在，且样本集合 S 中的样本量未超

过抽样样本大小 s，则创建一个键值对＜value，count＞，count 取值为 1（或不创建键值对，只保存 value，即默认 count＝1）。

如果当前样本集合 S 中的样本量超过抽样样本大小 s，则需要从样本集 S 中移除一个样本，以便为新插入样本留出空间。此时，需选择一个比 τ 更大的阈值 τ'，并使用概率 τ/τ' 减少样本集中一个样本键值对中的计数，直到一个样本键值对中的计数减为 0，删除该样本。

此后，流数据中到达的后续元素使用概率 $1/\tau'$ 进行抽样，这样随着流数据的推进，抽样的概率在逐渐降低。

使用该方法，不同的 τ 取值体现了平均样本量和占用空间大小要求之间的权衡，但不管 τ 的取值如何，样本 S 仍然是数据流的无偏抽样。一般情况下，τ' 可以比 τ 值大 10％左右。

2.3 草图概要结构

2.3.1 草图

在处理大型的数据集时，我们常常进行一些简单的检查，如频繁项、基数、新数据是否在数据集中存在等，如果使用确定的数据结构，如链表、哈希表、树等，当处理的数据集十分巨大时，查询或维护的数据量太大，没有足够的空间，也难以满足流数据处理的时延需求。由于这种场景下更多的是希望获取估值，而不一定是准确值，因此可以考虑使用概率数据结构（Probabilistic Data Structures）来抽取流数据的特征，以减小内存占用并降低处理时延，这种概要结构被称为草图（Sketch）。

草图的本质是随机投影技术在时间序列领域的扩展，能够用于估计流数据集的二阶矩大小、自连接大小、热门元素列表等。

在随机投影算法中，可通过选取随机向量 k，计算数据点与任意向量的点积，将维数 d 的数据点简化为维数 k 的坐标系。k 随机向量的每一个分量都是从平均值和单位方差为零的正态分布中提取出来的。数据点之间的距离在变化前后能够被近似地保持下来，且距离值的精度界限取决于 k 的值。k 的选择值越大，精度越高，反之亦然。

如果将时间序列的长度当作它的维度，则可以将这个原理扩展到时间序列域。即计算一个等于时间序列的随机向量，并将其用于草图计算。如果需要，可以通过选择适当大小的随机向量，在给定长度的滑动窗口上执行相同的计算。

令 L 为一组长度为 l 的向量,对于给定的 $\varepsilon < 1/2$ 和 $k = 9\log|L|/\varepsilon^2$。考虑 L 中的一对向量 u 和 w,对应的草图分别表示为 $S(u)$ 和 $S(w)$,我们有 $1/2$ 的可能性满足:

$$(1-\varepsilon)|u-w|^2 \leqslant |S(u)-S(w)| \leqslant (1+\varepsilon)|u-w|^2$$

其中,$|u-w|^2$ 即是向量 u 和 w 之间的 L2 距离。

这是一种利用投影技术将数据从原始数据集范围映射到样本集范围,从而构建概要数据结构的方法。典型的投影技术是哈希方法。

1. 计数草图方法

在特定需求中,可能需要统计流数据中某元素的出现频率,但并不需要精确计数。如果使用哈希表,则可能由于元素数量较大,需要占用超大规模的内存空间,且由于可能的哈希表碰撞导致实时性受限。为解决这一问题,可以考虑不存储所有的不同的元素,只存储它们的计数。

基本的计数草图方法被称为 CM 草图(Count-Min Sketch),基本思路是创建长度为 m 的计数器数组 COUNTMAP$[m]$,用来计数,每新到一个数据元素,使用哈希函数将数据元素映射到 $[0 \sim m-1]$ 之间,作为计数器数组的索引,并将对应的位置计数器自增。考虑到哈希冲突,同一个位置的计数器可能被多个不同的数据元素的哈希结果更新,因此导致估算的计数值偏大。改进的方式是建立多个计数器数组,使用多个独立的哈希函数分别映射到不同计数器数组上,在查询计数器的时候,在多个计数器数组相同位置取值中,选取取值最小的那个。因此这一草图构建方法被称为 Count-Min。

虽然 CM 草图对于哈希冲突有一定的作用,但还是存在冲突。这就导致查询的时候出现噪声。一种解决方法是在查询的时候对噪声进行预估,如 CMM 草图(Count-Mean-Min Sketch)方法不是取最小的计数器取值,而是取所有计数器的中位数。

传统的草图技术中,由于无法预知哪一个计数器会达到最大值,因此每一个计数器的阈值都需要设置为最大值。而实际可能出现的大部分计数器记录的都是低频值,这就造成空间的极大浪费。一种解决方法是每次增加计数器的时候,不是直接加 1,而是以 x^{-c} 的概率增加计数器,其中 x 为大于 1 的 log 底,c 为当前需要插入元素的估值。这一模式被称为 CML 草图(Count-Min-Log Sketch)。

由于传统的计数草图使用了大量的哈希操作,且倾向于高估原先计数值,因此一种新的增广草图(Augmented Sketch)技术被提出,通过增加过滤器记录新老计数器的方式,获取高频计数的计数器,并通过计数器交换的方式将高频计数器维持在过滤器中,从而降低了哈希计算的次数,并提高了对高频项估计的准确性。

2. 布隆过滤器方法

在特定需求中,可能需要判断到达的数据元素是否曾经被访问过,即判断新抵达的数据元素是否存在于数据集中,如判断用户名是否存在、爬虫的目标 URL 是否曾经爬取过等。传统哈希方法需要将数据元素的指纹信息存储在哈希表内,如果指纹长度为 h,则意味着如果希望使用哈希方法保存数据集大小为 n 的概要结构,至少需要 $2nh$ 以上的内存空间(哈希方法的空间利用率一般为 50% 左右),这意味着极大的空间代价。针对这一问题,Howard Bloom 在 1970 年提出布隆过滤器(Bloom Filter)方法,目的是使用一块远小于数据集数据范围的内存空间表示数据集,用以判断新到达的数据元素是否属于数据集。

布隆过滤器的基本原理是建立一个大小为 m 的 BITMAP,每一位被称为一个槽位,并初始化为 0。同时,创建 k 个相互独立的哈希函数,每个哈希函数都能将数据集均匀映射到 $[1..m]$ 中去。对于任何数据集中的元素,利用哈希函数进行计算得到 k 个 $[1..m]$ 之间的数,并将槽位中这 k 个对应位置 1。当待检验的数据元素经过 k 次哈希操作后,所有对应的槽位都被置 1 了,则被检测的数据元素在数据集中存在。

与传统哈希方法相比,布隆过滤器的空间利用率也在 50% 左右,但由于布隆过滤器不需要存储原始数据的指纹信息,因此仅需哈希方法 $1/4$~$1/8$ 甚至更少的内存空间即可。

布隆过滤器存在一定的误判,即可能存在待检测数据元素的 k 个哈希函数计算结果所对应的比特位都被其他已经存在的数据置 1 了,从而发生碰撞。因此布隆过滤器在使用中需要预先估计数据集元素的数量 n,以设计槽位 m 的大小,并获得预期的误差。理论上,增加槽位的数量 m 和哈希函数的数量 k,能够减小碰撞的概率。但是 k 的数量也不是越多越好,一方面是因为相互独立的哈希函数并不太好设计,另一方面是因为 m 和 k 不匹配可能导致反作用。

在流数据处理过程中,可以通过预先设计好的布隆过滤器生成的数据概要结构,检测数据流中的每一个元素是否在概要结构中存在;也可以估计流数据的数据集大小,并设计布隆过滤器,使用流数据进行初始化,以生成流数据的概要结构。

由于布隆过滤器使用一个比特位作为槽位,因此布隆过滤器只能插入数据元素,而不能删除数据元素,因为可能其他数据元素的计算结果也对这一槽位置位了。为了解决这一问题,进一步提出计数布隆过滤器(Counting Bloom Filter,CBF),即将布隆过滤器的每一个槽位从一个比特

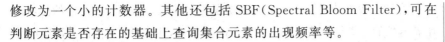

修改为一个小的计数器。其他还包括 SBF(Spectral Bloom Filter),可在判断元素是否存在的基础上查询集合元素的出现频率等。

3. FM 草图方法

在特定需求中,可能需要判断数据的基数,即数据集中不同元素的个数,如网站判断独立访问 IP 数量、统计数据记录中不重复的数字数量等。与布隆过滤器相反,这个需求中无法预先估计潜在的数据集数量。Flajolet 和 Martin 在论文 *Probabilistic counting algorithms for database applications* 中提出了 FM(Flajolet-Martin)方法,一般被称为 FM 草图(FM-Sketch)方法。

FM 草图的基本假设是"在一个整数集中,取值为 2^K 的数其二进制比特序列将存在 K 个 0 组成的尾部",因此 FM 草图方法的基本思想是将一个大小为 n 的数据集 N 映射到范围 $[1..\log n]$ 中,且映射到 i 的概率是 $1/2^i$。假设数据集 N 中不相同元素的个数是 m,且哈希函数独立随机,则恰有 $m/2^i$ 个不同元素映射到 i。此时只需记录全为 0 的尾部出现的位置,并记录不为 0 的最大值 R,就能够使用 2^R 作为不重复元素个数 m 的估计值。

为了减小误差,提高精度,可以进一步采用多个哈希方法,产生多个 R 值,并计算平均值。

2.3.2 计数草图

CM 草图是一种非常经典的概要结构构建方法,其基本结构如图 2-3 所示。

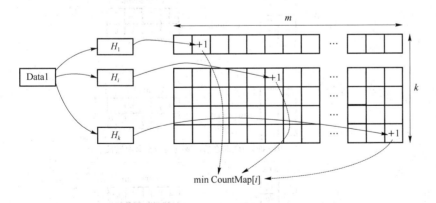

图 2-3 计数草图示例

CM 草图设置了 k 个哈希函数,每个哈希函数的取值范围为 $[1, m]$,构建一个 $k \times m$ 的二维数组 COUNTMAP$[k, m]$,用以记录每个哈希函数输出指向的计数器。

在插入数据的时候,通过哈希函数的编号获取 COUNTMAP 中的行,通过哈希函数的计算结果获取 COUNTMAP 中的列,并将所有指向的计数器自增。

在查询数据的时候,同样通过哈希函数的编号获取 COUNTMAP 中的行,通过哈希函数的计算结果获取 COUNTMAP 中的列,并将所有返回的计数器取值进行比较,返回最小的值作为估计值。

由于哈希函数存在冲突,因此 CM 草图方法可能会出现不同的数据元素计算出的计数器标识一致的问题,从而导致某些计数器计算的是两个不同数据元素的出现频次,即 CM 草图会高估实际取值。这对高频度出现的数据元素影响较小,但对低频度的数据元素影响很大。

2.3.3 增广草图

增广草图的核心思想是在 CM 草图之前增加一个过滤器,用于缓存高频度的计数器,并记录该计数器的计数差值。在更新 CM 草图之前,首先对过滤器进行操作,如果能够命中,则直接更新过滤器中的计数器;如果未命中,且过滤器未满,则将数据元素的指纹插入过滤器,并更新计数器;如果未命中,且过滤器满了,则更新 CM 草图;如果更新 CM 草图的过程中,发现更新的计数器取值已经超过了过滤器中某个计数器的最小值,则使用该数据元素的指纹替换过滤器中最小计数器所属的数据元素指纹,并将被替换出的数据元素更新到 CM 草图中。

增广草图的结构与处理过程如图 2-4 所示。

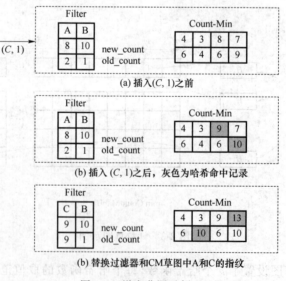

(a) 插入(C, 1)之前

(b) 插入 (C, 1)之后,灰色为哈希命中记录

(b) 替换过滤器和CM草图中A和C的指纹

图 2-4　增广草图示例

　　增广草图的优点在于,过滤器中的数据元素指纹是准确映射的,由于通过更新过程能够将大部分高频度计数器都缓存在过滤器中,这就减小了大部分的 CM 草图的哈希计算,能够有效地降低计算时延。

2.3.4　布隆过滤器

　　布隆过滤器的基本结构如图 2-5 所示。

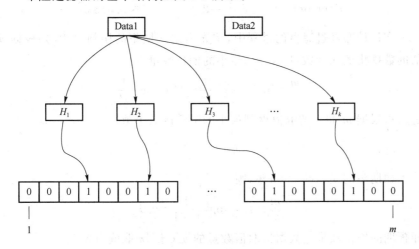

图 2-5　布隆过滤器示例

从布隆过滤器
谈起

　　其中,m 为布隆过滤器的槽位,k 为布隆过滤器的哈希函数数量。每个哈希函数都能将数据元素均匀映射到 $[1..m]$ 中,从而实现对 $\text{BITMAP}[i]$ 槽位的置位。

　　布隆过滤器的误判概率 $P(\text{error})$ 的计算:对于任何一个槽位,一个哈希函数的输出没有对其位置置位为 1 的概率为:

$$1-\frac{1}{m}$$

k 个哈希函数的输出没有对其位置置位为 1 的概率为:

$$\left(1-\frac{1}{m}\right)^{k}$$

如果插入了 n 个元素,且都未将其位置置位为 1 的概率为:

$$\left(1-\frac{1}{m}\right)^{kn}$$

相应的,此位被置位为 1 的概率为:

$$1-\left(1-\frac{1}{m}\right)^{kn}$$

　　若某个数据元素的 k 个哈希函数输出对应的槽位全部置位为 1,则判断数据元素存在于数据集合中。因此,将某元素误判的概率 $P(\text{error})$ 为:

$$\left[1-\left(1-\frac{1}{m}\right)^{kn}\right]^{k} \sim (1-e^{-\frac{nk}{m}})^{k}$$

因此，m、n、k 的取值大小将影响布隆过滤器的误判率。

当 k 取值为特定 m、n 比例的时候，布隆过滤器的误判率最低，

$$k = \ln 2 \frac{m}{n} = 0.7 \frac{m}{n}$$

此时误判率为：

$$P(\text{error}) = \left(1-\frac{1}{2}\right)^{k} = 2^{-k} = 2^{-\ln 2 \frac{m}{n}} \approx 0.618\ 5^{\frac{m}{n}}$$

在设计布隆过滤器的过程中，首先需定义期望的误判率 P，并根据预估的数据集的元素数量 n，计算最小的槽位数量 m：

$$\frac{m}{n} = \ln 2 \cdot \log_2 \frac{1}{P} = 1.44 \log_2 \frac{1}{P}$$

之后再根据 m 和 n 的取值得到最小的哈希函数个数 k。

$$k = 0.7 \frac{m}{n}$$

如期望的误判率 $P=1\%$，则

$$\frac{m}{n} = 1.44 \log_2 \frac{1}{0.01} = 9.6$$

即预期的槽位数量是数据集取值数量的 9.6 倍，k 取值为 6.7。

如期望的误判率 $P=0.1\%$，则 $m/n=14.35$，$k=10$。

2.3.5 FM 基数估计草图

FM 方法的基本假设如下：在一个整数集中，取值为 2^k 的数其二进制比特序列将存在 K 个 0 组成的尾部。即只要保证尾部出现 0 的概率 $\gg$ 出现 1 的概率，则这个整数就会趋向于尾部全 0 的取值，如图 2-6 所示。

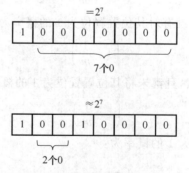

图 2-6　FM 基数草图基本假设

基于这一前提，FM-Sketch 方法首先定义一个哈希函数 $H(x)$，其能

够将数据元素均匀地映射到$[1,2,\cdots,2^L-1]$区间内。

定义计算函数 $\mathrm{bit}(y,k)$ 为 y 的二进制表示第 k 个 bit 数值（0 或 1）：

$$y = \sum_{k \geqslant 0} \mathrm{bit}(y,k)2^k$$

定义 $\mathrm{tail}(y)$ 表示 y 的二进制表示中末尾出现第一个 1 的位置（从 0 开始计数），即连续 0 的个数：

$$\mathrm{tail}(y) = \begin{cases} \min \mathrm{bit}(y,k) \neq 0, & y > 0 \\ L, & y = 0 \end{cases}$$

定义 $\mathrm{BITMAP}[0 \cdots L-1]$ 数组，$\mathrm{BITMAP}[i]$ 表示在可重复数据集合 N 中的一个数据元素，经过 $H(x)$ 计算后，再取 $\log_2$，四舍五入后取值的映射位置。此时，$\mathrm{BITMAP}[i]$ 映射的就是 $H(x)$ 计算后呈现的 2^K 的 K 的对应位置。

FM-Sketch 方法的过程示意如图 2-7 所示。

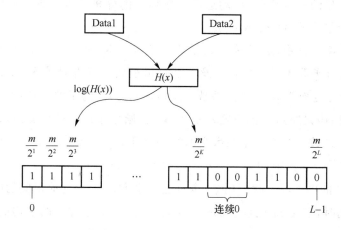

图 2-7　FM 基数草图示例

如果数据集 N 中的基数为 m，按照概率，$\mathrm{BITMAP}[0]$ 大约有 $m/2^1$ 概率会被置位，$\mathrm{BITMAP}[1]$ 大约有 $m/2^2$ 的概率被置位，当 $i \gg \log_2 m$ 的时候，$\mathrm{BITMAP}[i]$ 被置位的概率 ≈ 0，而当 $i \ll \log_2 m$ 的时候，$\mathrm{BITMAP}[i]$ 被置位的概率 ≈ 1。可以选择第一次出现 0 的位置，选择该位置为 K，从而计算出 m 的取值为 2^K。

在确保哈希值是均匀的条件下，K 的数学期望可以确定为：

$$E(K) \approx \log_2 \varphi m, \quad \varphi = 0.773\,51\cdots$$

K 的方差可以确定为：

$$\sigma(K) \approx 1.12$$

2.4 小波概要结构

小波(Wavelet),顾名思义,就是小的波形,即一系列快速衰减(小)的波形(波)。小波是一种通用的数字信号处理技术,类似于傅里叶变换,可根据输入的模拟量,变换成一系列的小波参数,并且少数几个小波参数就拥有大部分能量。这意味着可以选择少数小波参数,从而近似还原原始信号,因此经常被用在高维数据进行降维处理、生成直方图等场合。

小波变换的本质是对时空频率进行伸缩平移运算,将数据特征分解成一组小波函数和基函数,从而对信号(函数)进行多尺度的细化。其中高阶系数反映了数据的大趋势,而低阶系数反映了更局部的趋势,进而可聚焦到信号的任意细节,自动适应时频信号的分析要求。最基础的小波技术是哈尔小波(Haar Wavelet)。

在计算过程中,经常采用离散小波变换(Discrete Wavelet Transform,DWT)进行函数的层次分解。设一维哈尔小波分解将向量 $S=(x_1, x_2, x_3, \cdots, x_n)$ 变换为 m 个小波系数 $(c_1, c_2, \cdots, c_m)$。为了便于描述,不失一般性,我们假设序列 S 的长度 n 是 2 的幂。哈尔小波分解为 k 阶,即分解为 2^{k-1} 个系数。这 2^{k-1} 个系数中的每一个都对应于长度为 $n/2^{k-1}$ 的时间序列。2^{k-1} 个系数中的第 i 个对应于从位置 $(i-1)\times n/2^{k-1}+1$ 到位置 $i\times n/2^{k-1}$ 的序列段。我们用 ψ_k^i 表示这个系数,用 S_k^i 表示相应的时间序列段。同时,定义 S_k^i 的前半部分的平均值为 a_k^i,后半部分的平均值为 b_k^i。ψ_k^i 的值由 $(a_k^i-b_k^i)/2$ 给出。即如果 ψ_k^i 表示 S_k^i 的平均值,则 ψ_k^i 的值可以递归地定义为:

$$\psi_k^i = (\Phi_{k+1}^{2i-1} - \Phi_{k+1}^{2i})/2$$

哈尔小波系数集由 1 阶至 $\log_2(n)$ 的 ψ_k^i 系数定义。

例如,序列 S 为 $(8, 6, 2, 3, 4, 6, 6, 5)$,分解后的小波波形如图 2-8 所示。

从图中可以看到,低阶的系数反映的是局部特征,高阶的系数反映的是宏观特征。

哈尔小波分解的过程可直观地表示成树形结构,被称为误差树(Error Tree)。误差树一般是一种平衡二叉树,如图 2-9 所示。

图中的每个树中间节点 c_i 为对应的小波系数,每个叶子节点 x_i 为对应的原始数据,k 为小波分解的层级。这意味着,仅使用与序列相关的误差树部分就可以重建序列。

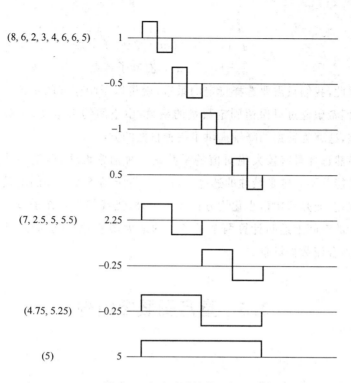

图 2-8　小波波形结构示例

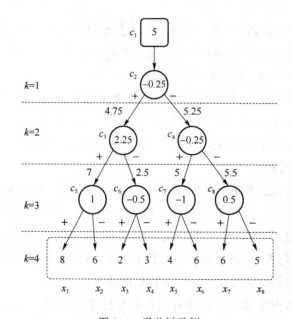

图 2-9　误差树示例

在重构 x_i 的时候，x_i 的取值仅与从根节点到叶节点的路径有关，即

$$x_i = \sum_{c_j \in \text{path}_i} \delta_{ij} c_j$$

其中,

$$\delta_{ij} = \begin{cases} 1, & j=1 | x_i \in 左叶子节点 \\ -1, & x_i \in 右叶子节点 \end{cases}$$

因此,我们只需要选择特定的系数,就可以影响序列的重建。一般来说,我们希望通过只保留固定数量的系数(由空间约束定义)来最小化重建误差,这就为数据的降维提供了一种自然的方法。

虽然选择具有较大绝对值的系数是一种通常做法,但是在特定的场景下可能并不一定是最佳的选择。可能在特定场景下需要的不是最小化最大误差,而是希望最小化均方误差。另外,当我们需要在子节点之间所有可能的空间上递归计算两个子节点的最大误差时,可能导致计算量很大,不适合流数据场景。

2.5 直方图概要结构

2.5.1 直方图

直方图(Histogram)是一种典型的流数据处理技术,核心思想是将一个大数据集按照一定规则划分为小数据集(桶,Bucket),并通过对每个小数据集的特征分析,来刻画大数据集的特征轮廓。

常用的直方图包括等宽直方图(Equi-Width Histogram)、压缩直方图(Compressed Histogram)、V优化直方图(V-Optimal Histogram)、指数直方图(Exponential Histogram)、指数直方图、草图直方图等。

1. 等宽直方图

等宽直方图就是把数据离散成相等的桶(等长、等宽或等深),并分别在桶上统计特征。该算法预先设定桶的上限和下限两个阈值,当新的数据元素到达时,先增加该元素所属的桶的高度,如果桶的高度超过上限值,则进行桶的拆分,如果桶的高度低于下限值,则执行相邻桶的合并,从而将桶内的数据量维持在一个相对稳定的状态。

等宽直方图能够较好地获得流数据集的分位点,但等宽直方图的前提是假设数据分布是均匀的。由于流数据不能预先获得数据特征的分布,因此如果流数据出现极度不均匀的情况,可能导致桶上统计的特征不准确。

考虑到流数据的持续抵达特性,等宽直方图比较适合在固定窗口中使用。

2．压缩直方图

针对流数据可能出现的特征分布不均匀的情况,可以考虑为热门元素单独创建桶,并对其他元素仍然采用等宽直方图的方法,从而更好地模拟数据集。

3．V 优化直方图

压缩直方图仅针对热门元素,而 V 优化直方图则希望使各桶的方差之和最小。但是,由于不经过遍历难以确定各个桶的方差之和,这导致 V 优化直方图难以应用在流数据环境中。

4．指数直方图

传统的直方图技术在数据集划分过程中,相邻桶的元素值是连续的。而指数直方图则是按照元素的到达次序构建桶,桶的容量按照不同级别呈指数递增。每个级别的桶设定固定的数量,每个桶也设置创建时间戳。在处理过程中,低级别的桶的数量如果超出阈值,则合并该级别最"旧"的两个桶,放到高一级别中。如果特定的桶超期了,则删掉桶以释放空间。在这一模式下,越低级别的桶存储的都是最新的数据,越高级别的桶存储的是越旧的数据,从而能够较好地执行流数据滑动窗口的处理问题。

5．小波直方图

如果希望对频域的取值进行分析,也可以基于小波方式构造直方图。基于小波的方法,可以对数据的频率分布而不是取值累积构造小波分解(如使用哈尔小波变换)。当新的流数据元素到达时,沿着给定维度的频率分布会得到更新。

基于小波方法,时间序列最多只需 $\log N$ 个计数器,就能够获得任一时刻的小波参数。如果流中元素已经排好序,则仅需 $O(M+\log N)$ 的存储空间,就能够获得 M 个最大的小波参数。

6．草图直方图

对于多维的流数据,在统计直方图特征的时候,难以使用简单的数值方式进行特征的描述,此时可以用基于草图的方法构建多维情况下的直方图。

2.5.2　等宽直方图

常用的等宽直方图使用固定的取值宽度或固定的元素数据量(深度)的桶来进行分割,而维护等宽直方图的最直接的效果是能够获得数据集的分位点(Quantile),即获得中位数(二分位数)、四分位数、百分位数等。

典型的等宽直方图的构建如图 2-10 所示。

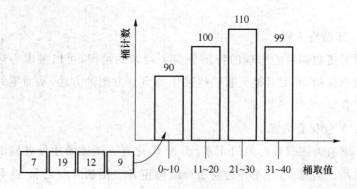

图 2-10　等宽直方图示例

典型的等深直方图的构建如图 2-11 所示。

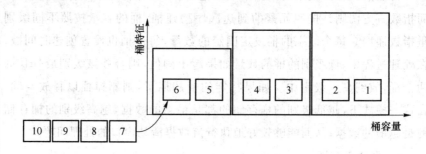

图 2-11　等深直方图示例

是直方图
还是滑动窗口

流数据处理过程中,等深直方图的构建方式与滑动窗口类似。

可以采用抽样法基于等深直方图测定流数据中的相关分位数,此时如何设置桶的容量大小就成为关键问题。

我们希望通过桶的抽样计算数据随机样本 S 上真分位数 $q \in [0,1]$ 的估计分位数 $q(S) \in [0,1]$。如果选择的样本大小 S 大于 $O(\log(\delta)/\varepsilon^2)$,则可以使用 Hoeffding 不等式表示 $q(S)$ 在范围 $(q-\varepsilon, q+\varepsilon)$ 内的概率至少为 $1-\delta$。

设 v 为元素在分位数 q 处的值,则在 S 中包含一个小于 v 的元素的概率符合基于概率 q 的二项分布(伯努利试验,Bernoulli trial)。那么,小于 v 的元素的预期数量是 $q \cdot |S|$,并且这个数字位于间隔 $(q \pm \varepsilon)$,概率至少为 $2 \cdot e^{-2 \cdot |S| \cdot \varepsilon^2}$(Hoeffding 不等式)。因此,如果希望能够呈现出分位数的分布,则流数据的窗口样本大小至少应该选取 $|S| = O(\log(\delta)/\varepsilon^2)$。

2.6　小　　结

流数据处理模型与批处理模型最大的不同是,数据的在线持续处理。

数据到达后并不直接入库,而是先通过数据处理算法进行分析,并维护一个远小于源数据规模的概要数据结构。当用户需要查询的时候,应用可以直接从内存中的概要数据结构中查询,从而极大地提高了业务应用的响应时间。

　　流数据处理技术主要针对流数据的持续抵达特性、高基数特性、统计特征变化特性,考虑流数据处理的一次遍历完成处理的需求,解决流数据处理特有的概要数据结构构建问题,及构建概要结构过程中的无界数据的分割问题。

本章知识点

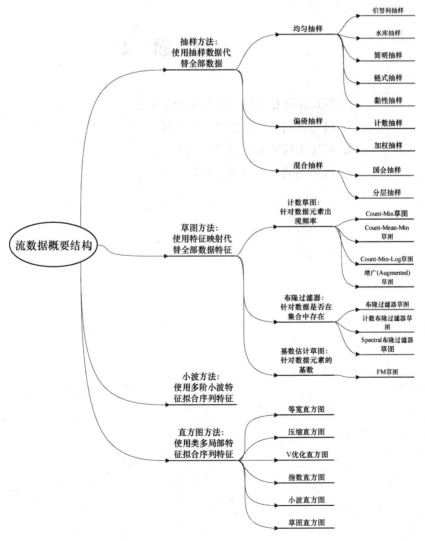

扩展阅读

[1] 孙玉芬，卢炎生. 流数据挖掘综述. 计算机科学，2007，34(1)：1-11.

[2] 海沫. 大数据聚类算法综述. 计算机科学，2016，43(6A)：380-383.

[3] 胡文瑜，孙志挥，吴英杰. 数据挖掘取样方法研究. 计算机研究与发展，2011，48(1)：45-54.

[4] TylerAkidau, Slava Chernyak, Reuven Lax. Streaming Systems (The What, Where, When, and How of Large-Scale Data Processing).

习 题 2

1. 简述流数据不同概要结构的适用性。
2. 简述不同抽样概要结构的差异。
3. 简述不同草图概要结构的差异。
4. 简述不同直方图概要结构的差异。

第 3 章

流数据频繁模式挖掘技术

最基本的频繁项问题就是计数问题,这一问题在计数草图构建的过程中已经进行了深入探讨。进一步扩展的频繁项挖掘可以用于发现各种流数据中频繁出现的模式或结构,这可被称为频繁模式(Frequent Pattern),包括频繁项集、序列、子树或子图等。通过频繁模式挖掘,不仅可以直接获取目标数据中的特定频繁模式,还可以作为许多其他数据挖掘任务的基本工具,包括关联规则挖掘、分类、聚类和变更检测等。

一般可以认为,最基本的频繁项挖掘问题是通用的频繁项集的 1-项集挖掘问题。

与其他流处理任务相比,频繁模式的挑战有以下两方面。

(1)频繁模式挖掘在搜索的模式数量增长时,其空间占用呈指数增长,包含所有频繁模式的结果集本身的基数也可能非常大,在流环境中为频繁模式生成一个近似的结果集可能要分配更多的空间。因此,频繁模式挖掘算法需要具有很高的内存效率。

(2)频繁模式挖掘依赖于下闭包属性来裁剪不频繁模式并生成频繁模式,这个过程(即使不是流数据场景)是计算密集型的。因此,频繁模式挖掘算法需要具有很高的计算效率。

在流数据环境中,频繁模式挖掘算法的精度与计算复杂度、空间占用需要进行平衡,因此挖掘算法需要为用户提供最终挖掘结果准确性的控制。

频繁项与
频繁模式

3.1 频繁模式挖掘问题的定义

令数据集 $D = \{o_1, o_2, \cdots, o_{|D|}\}$ 为对象集合,令 P 为 D 中所有可能出

现的模式集合，令 $g:P\times O\to N$ 为计数函数，其中 O 为对象集，N 为非负整数集。给定参数 $p\in P$ 和 $o\in O$，函数 $g(p,o)$ 返回模式 p 在对象 o 中出现的次数。数据集 D 对模式 $p\in P$ 的支持度定义为

$$\text{supp}(p)=\sum_{j=1}^{j=|D|}I(g(p,o_j))$$

其中，I 为指示函数：如果 $g(p,o_j)>0$，$g(p,o_j)=1$；否则 $I(g(p,o_j))=0$。给定支持度阈值 θ，在 D 集合中 P 的频繁模式是 P 中支持度大于或等于 θ 的模式集合。

频繁项集挖掘是最常见的频繁模式挖掘任务，在 1993 年由 Rakesh Agrawal 等[4]提出。对于频繁项集挖掘，数据集 D 中的对象是事务（Transaction）或项集（Itemset）。令 Item 为 D 中所有可能项的集合，因此 D 可表示为 $D=\{I_1,\cdots,I_{|D|}\}$，其中 $I_j\subseteq\text{Item}$，$\forall j,1\leqslant j\leqslant|D|$。$P$ 是 Item 的幂集。在频繁项集挖掘中，集合 O 与 P 相同。计数函数 g 的定义为：如果 I_j 中包含项集 p（即 $p\subseteq I_j$），函数 $g(p,I_j)$ 返回 1；否则，返回 0。例如，给定一个数据集 $D=\{\{A,B,D,E\},\{B,C,E\},\{A,B,C\},\{A,C\},\{B,C\}\}$，以及一个相对支持度阈值 $\sigma=1/2$，频繁项集是 $\{A\}$，$\{B\}$，$\{C\}$ 和 $\{B,C\}$。

在流数据上挖掘频繁模式的大部分工作集中在频繁项集挖掘上，这类技术可以作为其他更复杂的频繁模式挖掘任务的基础，如图挖掘[5]等。本章将重点阐述流数据上的频繁项集挖掘。

3.2 不同窗口模型的频繁模式挖掘

在数据流中，事务不断地到达，事务量可能是无限的。在形式上，数据流 D 可以定义为一系列事务，$D=(t_1,t_2,\cdots,t_i,\cdots)$，其中 t_i 表示第 i 个到达的事务。为了处理和挖掘数据流，通常使用不同的窗口模型。窗口是第 i 个到第 j 个事务的子序列，表示为 $W_{[i,j]}=(t_i,t_{i+1},\cdots,t_j)$，$i\leqslant j$。用户可以在不同类型的窗口模型上获得不同类型的频繁模式挖掘方法。

1. 固定窗口

固定窗口模型关注从起始时间点 i 到当前时间点 t 的频繁项集，即窗口 $W[i,t]$ 上的频繁项集。

对于 $i=1$ 的特殊情形，模型关注的是整个数据流的频繁项集。显然，该特殊情形的求解难度与一般情形基本相同，都需要一种高效的单遍挖掘算法。为了简单起见，本章将重点讨论完整数据流的情形。

传统方法默认起始点之后的每个时间点都同等重要,然而在很多情况下,人们对最近的时间点更感兴趣,因此,固定窗口被改进为衰减窗口。

2. 衰减窗口

衰减窗口模型为最近到达的数据元素分配了更多的权重。通过定义衰减率,并在新数据元素到达时使用该衰减率更新之前到达数据元素的权重。相应地,项集的计数也根据每个数据元素的权重来定义。

3. 滑动窗口

在流计算中常用的还有滑动窗口,给定时间滑动窗口长度 w 和当前时间点 t,随着时间的变化,窗口将保持其大小,并随着当前时间点移动。

时间滑动窗口频繁模式挖掘仅针对窗口 $W[t-w+1,\ t]$,不考虑时间点 $t-w+1$ 之前到达的数据。

除了以上三个窗口模型之外,还有倾斜时间模型。该模型关注一组窗口上的频繁项集,其中每个窗口对应着不同的时间粒度,每个窗口内的数据元素也是加权的。这种模式类似直方图模型。例如,窗口 1 是最近一小时的每一分钟,窗口 2 是前一小时的每五分钟,窗口 3 是再前一小时的每十分钟。这种模型允许对数据流进行更复杂的查询。另外,还有 FP 流(Frequent Pattern Stream)[6],用于动态更新流数据上的频繁模式,并提供任意时间间隔的近似频繁项集。

3.3　频繁项挖掘算法

3.3.1　黏性抽样算法

黏性抽样算法(Sticky Sampling)是一种计数算法,它的思想是通过采样来对频繁元素进行估计。该算法的参数除了相对支持度阈值 σ_{rel} 和误差阈值 ε,还有失败概率 δ。算法中维护一个记录集合 X,集合中的每条记录为 $c=\{I,\ f\}$,其中 f 为项 I 出现次数的估计,X 初始为空。

算法的逻辑如下。

① 对于数据流到达的每个新项 I,如果已经位于 X 中,则增加其计数 f;否则,以 $1/r$ 的概率选中 I(即采样),在 I 被选中时向 X 添加新记录 $c=\{I,\ 1\}$,在 I 未被选中时则继续处理后续数据。

② 采样率 r 的取值随着数据流的到达不断增大,令 $t=(1/\varepsilon)\log(1/(\sigma_{rel}\delta))$,对于前 t 个到达的项 $r=1$,对于后续 $2t$ 个到达的项 $r=2$,对于

后续 $4t$ 个到达的项 $r=4$,依此类推。

③ 每次当采样率 r 发生变化时,需要扫描 X 中的记录。对于 X 中的每条记录 $c=\{I,\ f\}$,连续投掷一个正反面概率相等的硬币直到出现正面,每次出现反面时 f 减 1,如果 f 减为 0 则将该记录从 X 中删去。

黏性抽样算法输出所有相对支持度超过 $\sigma_{rel}-\varepsilon$ 的项。可以证明,算法运行过程中 X 最多包含 $(2/\varepsilon)\log(1/(\sigma_{rel}\delta))$ 条记录,内存的开销与数据流的长度 N 无关。

与有损计数算法类似,黏性抽样算法以至少 $1-\delta$ 的概率保证:

① 估计支持度至多比真实支持度小 εN;

② 不存在漏报;

③ 误报项的支持度至少为 $\sigma_{rel}N-\varepsilon N$。

与后继有损计数(Lossy Counting)算法相比,黏性抽样算法所需内存开销固定,因此可以支持无限长度的数据流。

黏性抽样算法示意如图 3-1 所示。通过抽样创建计数器,并在创建之后进行精确计数。

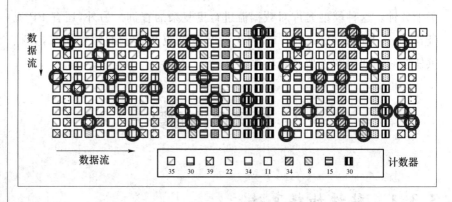

图 3-1　黏性抽样算法示意图

3.3.2　KPS 算法

KPS 算法是 Karp 等[7]提出的频繁项搜索方法。形式上,给定长度为 N 且阈值为 $\sigma(0<\sigma<1)$ 的序列,其目标是确定频率大于 $N\sigma$ 的元素。对此最直接的算法将计算所有不同元素的频率,并检查它们中的每个元素是否达到期望的频率。如果有 n 个不同的元素,则需要 $O(n)$ 的内存。

考虑如果需要判断的多数元素是在整个序列中出现超过一半次数的元素,即 $\sigma=1/2$,可以从序列中找到两个不同的元素并消除它们,重复这个过程,直到序列中剩下的都是相同的元素。如果序列中存在多数元素,则在此消除后得以保留。但是,序列中的剩余元素不一定是多数元素,例如,$D_1 = (A, B, B, C, B)$,消除后剩余元素为 B,是多数元素;$D_2 = (A, B, B, C, C)$,消除后的剩余元素可能为 C,不是多数元素。为判断剩余元素是否多数元素,最后可以对原始序列再进行一次遍历,并检查剩余元素的出现频率是否大于 $N/2$。

上述方法可以推广到任意的 σ。可以在序列中选择任意 $1/\sigma$ 个不同的元素并将它们消除,重复该过程直到序列中剩余不超过 $1/\sigma$ 个不同的元素。此时,出现次数超过 $N\sigma$ 的所有元素将保留在序列中,因为消除最多只能执行 $N/(1/\sigma)$ 次。在每次这样的消除期间,任何不同的元素最多被消除一次。因此,对于每个不同的元素,整个过程中的消除总数最多为 $N\sigma$ 次,出现超过 $N\sigma$ 次的所有元素将被保留在序列中。但是,序列中剩余的元素不一定出现次数都大于 $N\sigma$,该方法只能提供出现超过 $N\sigma$ 次的元素的超集。

KPS 算法可被视为用于查找序列中多数元素算法的泛化,其只需要 $O(1/\sigma)$ 的内存即可。

KPS 算法的伪代码如图 3-2 所示,可以进行一次遍历查找频繁项(的超集)。P 是潜在频繁项的集合,维护 P 中每个项目的计数,并将该集合初始化为空集。当处理序列中的新项时,检查它是否在集合 P 中,如果是,则其计数递增;否则,将新项插入 P 并初始化计数为 1。当集合 P 的长度大于 $1/\sigma$ 时,减少 P 中每个项的计数,并消除计数变为 0 的所有项目。此算法仅需要 $\Omega(1/\sigma)$ 个空间。该算法得到频繁项的超集,为了找到精确的频繁项,需要对序列再进行一次遍历,以计算 P 中所有剩余元素的出现频率。

```
输入：序列 S，阈值 σ(0 < σ < 1)
输出：频繁项 P

1   global Set P;                      //潜在频繁项
2   P ← ∅;                            //初始化
3   foreach (s ∈ S)                    //检查序列中的每一项
4     if s ∈ P
5        s.count ++;
6     else
7        P ←{s}∪P;
8        s.count = 1;
9     if |P| ≥ ⌈1/σ⌉
10       foreach (p ∈ P)
11          p.count --;
12          if p.count = 0
13             P ← P−{p};
```

图 3-2　KPS 算法的伪代码

3.4　频繁模式挖掘算法

3.4.1　有损计数算法

有损计数算法[8]用于识别整个数据流的频繁项集。它是最早提出的用于在数据流上挖掘频繁项集的算法之一。该算法的基本形式是对到达的数据流使用单次遍历标识频繁项（即 1-项集）。本节我们将介绍有损计数用于识别 1-项集的情形,将在 3.5 节介绍算法如何扩展到识别 k-项集。

一般情况下,若不考虑空间约束,则可以精确地标识频繁项。在实践中,当数据流的 1-项集数量庞大时,有限的内存空间将难以得到精确解,此时使用有损计数算法可以在内存空间和结果精度之间寻求折中,并同时保证错误范围。

有损计数是由两个用户定义的参数控制的近似算法,即相对支持度阈值 σ_{rel} 和误差阈值 ε。参数 σ_{rel} 的设置取决于应用需求,参数 ε 的设置则较为困难。基于该算法提出者的经验,ε 的值应该比 σ_{rel} 小一个数量级,即 $\varepsilon \sim \dfrac{1}{10}\sigma_{\mathrm{rel}}$。

当算法处理完 Q 个到达数据元素时,其结果可以保证:

① 所有真实支持度超过 $\sigma_{\mathrm{rel}} \cdot Q$ 的 1-项集可以被正确识别;

② 真实支持度小于 $(\sigma_{\mathrm{rel}} - \varepsilon) \cdot Q$ 的 1-项集不会被输出;

③ 任何 1-项集的估计支持度至多比真实支持度小 $\varepsilon \cdot Q$。

算法的基本过程如下。

① 该算法将到达的数据流划分为包含 $W = \left| \dfrac{1}{\varepsilon} \right|$ 个数据元素的窗口,每个窗口都用整数标识符 w(从 1 开始)标记。对于每个存储的 1-项集 I,需要维护具有三个属性的记录 $c = \{I, f, \Delta\}$,其中 f 表示项集的估计计数,Δ 是 f 的最大可能误差。令 X 为存储的记录 c 的集合,当新数据元素 $A(I_Q)$ 到达时,数据元素中的每个 1-项集都会触发对应记录 c 的更新。如果该 1-项集 I 已经在 X 中,则其频率计数被更新,否则创建新记录 $c = \{I, 1, w-1\}$,其中 $w = \left[\dfrac{Q}{W} \right]$ 是当前窗口标识符。

② 在每个窗口结束时,为确保内存使用效率,相对支持度小于或等于 ε 的记录将被删除。具体地,当条件 $Q \bmod W = 0$ 成立时,筛选每个 c 记

录,当 $f+\Delta\leqslant w$ 时删除该记录。

算法的伪代码如图 3-3 所示。

```
// σ_rel 为相对支持度阈值
// ε 为误差阈值

1  C ← {}                                    //存储的记录 c 的集合
2  Q ← 1                                     //目前数据元素的数量
3  W = ⌈1/ε⌉                                 //窗口大小
4  while not end of the stream do
5      read tuple A(t)                        //流中的下一个数据元素
6      w = ⌈Q/W⌉                              //窗口标识符
7      for I ∈ A(t) do                        //数据元素中的每个 1-项集
8          if c_I ∈ C then                    //如果 1-项集已经在存储器中
9              c_I.f ← c_I.f + 1              //更新频率计数
10         else                               //如果 1-项集没有在存储器中
11             c_I ← (I, 1, w − 1)            //创建新的记录 f = 1, Δ = w − 1
12             C ← C ∪ c_I                    //将新记录存储到存储器中
13     if Q mod W = 0 then                    //如果达到窗口边界
14         for c_I ∈ C do                     //筛选存储器中的每一个记录
15             if c_I.f + c_I.Δ ≤ w then      //如果相对支持度小于或等于 ε
16                 C ← C − c_I                //记录将被删除
17     if user requests set of frequent items then    //筛选存储器中的每一个记录
18         for c_I ∈ C do
19             if c_I.f ≥ (σ_rel − ε) · Q then //真实支持度大于等于
                                                //(σ_rel − ε) · Q 的 1-项集被输出
20                 output c_I                  //输出频繁项集
21     Q ← Q + 1                              //更新数据元素数量
```

图 3-3　针对 1-项集的有损计数算法的伪代码

针对该算法,需要注意以下几点:

① 当项集的相对支持度小于或等于 ε 时,它将从内存中删除;

② 当新项到达时(无论是首次到达,还是删除之后再次到达),都将在内存中加入新的记录,并且将其历史支持度(已经不知道)假设为 ε,保存在对应记录 c 的 Δ 属性中。

因此,该算法维护所有相对支持度大于 ε 的项,并且其当前频次 f 最多比真实支持度小 $ε·Q$。

图 3-4 所示为该算法工作过程的示意图。

① 当数据流中第一次出现某元素时,插入新项;

② 当插入新项后,将 Δ 设置为 w 值;

③ 当某项出现时,增加计数器取值;

④ 超过 w 边界,该项超时删除。

有损计数算法保证内存中的项数最多为 $\frac{1}{ε}·\log(ε·Q)$。在处理 Q 事务之后,若用户查询频繁 1-项集,需要输出内存中满足 $f\geqslant(σ_{rel}−ε)·Q$ 的所有 1-项集。

算法输出不满足相对支持度阈值的项集称为误报（False Positive），有损计数算法产生的误报项集的相对支持度在$[(\sigma_{rel}-\varepsilon)\cdot Q, \sigma_{rel}\cdot Q]$范围内。

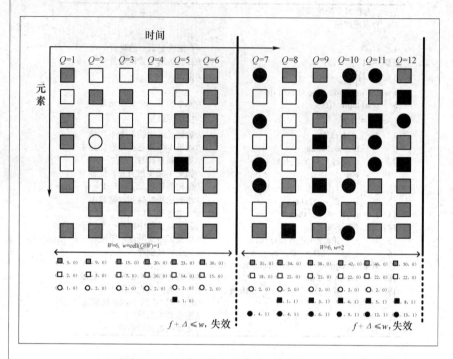

图 3-4　有损计数算法示意图

算法遗漏掉的满足相对支持度阈值的项称为漏报（False Negative），有损计数算法不存在漏报。

3.4.2　有损计数算法扩展

有损计数算法在进行频繁项集挖掘任务过程中，主要面临的问题是如何高效更新和检索 X 中的记录。另外，为了提高数据流的处理效率，可以在内存中缓存多个窗口后再进行批处理。主要通过 New_Record 和 Update_Record 两个操作，以及 SetGen 和 Trie 两个模块进行扩展。令 β 表示当前批处理中窗口的数量，w 为当前的窗口标识。

- New_Record：如果集合 set 在当前批的出现次数 $f \geqslant \beta$，且 set 不在 X 中，需要创建新记录$<$set, f, $w-\beta>$。
- Update_Record：对于每条记录$<$set, f, $\Delta>\in X$，通过当前批处理数据中 set 的出现次数来更新 f。如果更新后的条目满足 $f+\Delta \leqslant w$，则删除该记录。

- SetGen：按字典顺序生成当前批中所有可能出现的项集并更新其频率。为了提高 SetGen 的效率，如果一个项集在执行 Update_Record 和 New_Record 之后未能进入 X，则无须再考虑该项集的超集。
- Trie：基于 Trie 树对记录 X 进行高效的更新和检索。Trie 树是哈希树的变种，经常用于搜索引擎的文本词频统计，它利用字符串的公共前缀来减少查询时间。Trie 模块将 X 组织成森林，即森林中每个节点的形式是 $<I, f, \Delta>$。所有节点的子节点都按照项的标识排序，森林中的根节点也按项的标识排序。树中的节点表示由该节点中的 I 及其所有祖先组成的项集。

图 3-5 给出了有损记数法用于频繁项集挖掘的示意图。还有一些提高其效率的技巧，感兴趣的读者可以阅读 *Data Stream Management*：*Processing High-Speed Data Streams*。

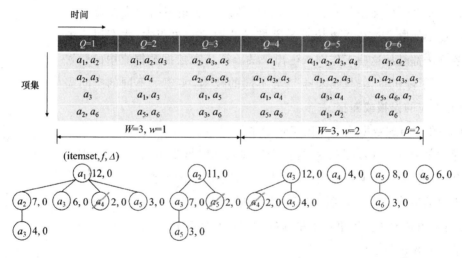

(a) 第一批处理（事务 1~6）

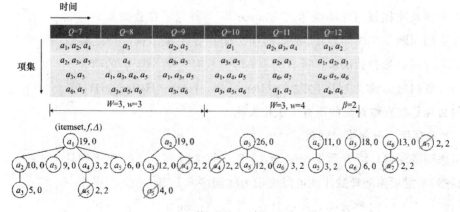

(b) 第二批处理（事务 7~12）

图 3-5　有损计数算法进行频繁项集挖掘的示意图

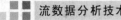

3.5 频繁模式挖掘的其他相关问题

在本节中,我们将讨论与频繁模式挖掘密切相关的其他问题。

可扩展的频繁模式挖掘算法:许多研究工作将频繁模式挖掘算法从驻留在内存上的数据集扩展到驻留在磁盘上的数据集,关注如何减少数据集的遍历次数。这些算法通常在第一次遍历中找到频繁项集的超集或近似集,然后再通过一到多次遍历找到所有频繁项集及其计数。然而,算法的第一次遍历要么对频繁项集的准确性没有适当的保证[9],要么产生大量的误报[10]。因此,它们不太适合流环境。

(1) 数据流的频繁项挖掘

给定一个长度无限的项序列,该工作尝试识别频率高于支持度阈值的项。这个问题是整个数据流上频繁模式挖掘的简单版本,本章讨论的大多数算法都是从这些工作中派生出来的。算法在挖掘数据流中的频繁项时,采用了随机草图[11]或采样[12]等不同的技术,实现了不同的空间需求,也有相应的误报或漏报。

(2) 在分布式数据流中查找 Top-k 项

针对多个分布式数据流,并且每个项在到达时携带不同的权值,需要查找全局权重最高的 k 项。Badcock 等[13]研究了这个问题,为了在分布式数据流中维护全局 Top-k 项,需要频繁的通信和同步。为了降低通信成本,他们使用算术条件约束每个单独的数据流来实现这一目标,只有违反算术条件时才进行通信。

(3) 在数据流中寻找大流(Heavy Hitters)

它是频繁项挖掘问题的变体,Cormode 等[14]研究了在数据流中有效识别大流的问题。在该问题中,不同的项之间存在层次结构。给定频数阈值 φ,项 i 的计数包括层次中所有的项 i 的后代且计数小于 φ 的项。一个项的计数超过 φ 称为层次化大流(Hierachchy Heavy Hitter, HHH),算法的目标是找到数据流的所有层次化大流。

(4) 数据流上的频繁时间模式

考虑到滑动窗口沿着数据流移动,需要在每个时间点进行项集的计数。显然,给定项集的计数序列可以表示为时间序列。Teng 等[15]提出一种滑动窗口模型下的频繁模式挖掘算法,并对该时间序列回归分析。该框架适用于灵活时间间隔的项集挖掘、趋势识别和变化检测等问题。

（5）挖掘半结构化数据流

Asai 等[16]提出了一种高效的算法,用于从半结构化数据流中挖掘频繁有根有序树。他们将半结构化数据集建模为具有无限宽度、有限高度的树。以最左遍历树生成数据流,即数据流中的每一项都是树中的一个节点,其到达顺序由树的最左遍历决定。

3.6　小　　结

频繁模式挖掘的目的是找出数据流中出现频率大于一定阈值的模式或数据结构。频繁模式挖掘需要搜索的模式数量呈现指数级增长,其精确结果需要庞大的内存空间和计算能力。因此,频繁模式挖掘算法通常为用户提供灵活性来控制最终挖掘结果的准确性。

频繁项集挖掘是一类重要的频繁模式挖掘任务,频繁项(1-项集)挖掘是特殊的频繁项集挖掘。KPS、有损计数、黏性抽样是常用的频繁项挖掘算法,其中 KPS 算法能够通过两次遍历得到精确的频繁项,而有损计数和黏性抽样可以通过一次抽样得到较为精确的频繁项。进一步,有损计数算法可以扩展到频繁项集的场景。

本章知识点

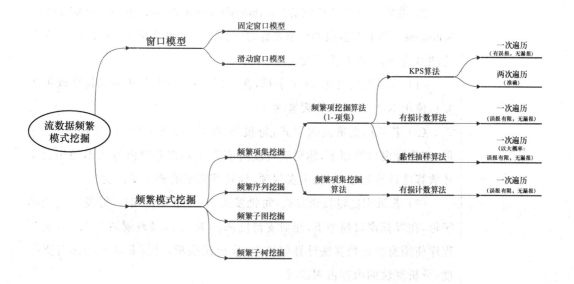

扩展阅读

[1] 韩萌,丁剑. 数据流频繁模式挖掘综述. 计算机应用,2019,39(3):719-727. DOI:10.11772/j. issn. 1001-9081. 2018081712.

[2] Carey MJ,Ceri S. Data Stream Management:Processing High-Speed Data Streams.

[3] Charu C Aggarwal. Data Streams:Models and algorithms.

[4] Bifet,Albert,et al. Machine learning for data streams:with practical examples in MOA.

习　题　3

1. 小型网购平台售卖 50 种商品(编号为 $1\sim50$),到当前时间点共交易了 100 笔订单(编号为 $1\sim200$),假设第 k 笔订单的交易商品集合为 $\{i|k \bmod i=0\}$。例如,第 18 笔订单的交易商品集合为 $\{1,2,3,6,9,18\}$。

(1) 在界标窗口模型下,若支持度阈值为 10,列出所有的频繁项集。

(2) 在滑动窗口模型下,若窗口长度为 50,相对支持度阈值为 0.12,列出当前窗口所有的频繁项集。

2. 世界上最长的单词为"methionylthreonylthreonylglutaminylalanyl... isoleucine",是肌联蛋白的化学名称,共包含 189 819 个字母。假设终端 A 与终端 B 直连,A 向 B 流式发送该单词。

(1) 若当前已发送 40 个字母,在界标窗口模型下,相对支持度阈值为 0.1,使用 KPS 算法计算频繁项。

(2) 若采用批量发送方式,每批发送 4 个字母,当前已发送 60 个字母,在界标窗口模型下,相对支持度阈值为 0.1,误差阈值为 0.2,使用有损计数算法计算频繁项;找出误报项,计算其真实的相对支持度。

(3) 若采用批量发送方式,每批发送 10 个字母,当前正好发送完全部字母,在界标窗口模型下,相对支持度阈值为 0.1,误差阈值为 0.01,编写程序使用有损计数算法计算频繁项;找出误报项,计算其真实的相对支持度;分析算法的内存占用情况。

(4) 在(3)的条件基础上,规定失败概率为 0.01,编写程序使用黏性采样算法计算频繁项;找出误报项,计算其真实的相对支持度;分析算法的内存占用情况。

3. 利用 2000 年的"国际知识发现和数据挖掘竞赛"(KDD CUP 2000)提供的购物网站 Gazelle.com 的点击流数据集(https://www.kdd.org/kdd-cup/view/kdd-cup-2000),编写程序实现有损计数算法,计算不同支持度阈值和误差阈值下的频繁项集。

第4章

流数据聚类分析技术

聚类(Clustering)是指对一个数据对象集合,将其中相似的对象划分为一个或多个组(称为"簇")的过程。同一个簇中的元素彼此相似,而与其他簇中的元素相异。聚类是数据分析的重要工具之一,通常使用距离或目标函数等定义对象间的相似性,但由于流数据的实时性、持续性和离群点的影响等,传统的典型算法如 K-Means 和 K-Medoids 算法等并不适用于流数据的聚类分析,因此,本章将重点针对流数据环境下的聚类分析算法进行详细阐述,具体包括聚类算法分类、流数据聚类度量标准、流数据聚类算法。

4.1　聚类算法

K-Means 是最常用的聚类方法之一,很多聚类算法都是基于 K-Means 算法进行的改进。

K-Means 的核心思想是通过迭代把数据对象划分到不同的簇中,以求目标函数最小化,从而使生成的簇尽可能紧凑和独立。

首先,随机选取 k 个对象作为初始的 k 个簇的质心;然后,将其余对象根据其与各个簇质心的距离分配到最近的簇;再求新形成的簇的质心。将这个迭代重定位过程不断重复,直到目标函数最小化为止。伪代码如图 4-1 所示。

由于传统的聚类方法需要对数据集进行多次遍历,因此并不适用于流计算环境。考虑到流数据的特点,流计算环境下的聚类算法主要从获得的数据集、数据动态更新等角度对 K-Means 进行修正,主要可以分为基于划分的聚类、基于层次的聚类、基于密度的聚类和基于网格的聚类等。

```
输入：数据点集 P = {p₁,···,pₙ}，k 个初始簇中心
输出：簇中心集{c₁,···,c₂},隐式将 P 划分为 k 个簇

1   随机选择 k 个初始簇中心 C = {c₁,···,cₖ}
2   while 未达到停止标准时
3       do 执行分配步骤：
4           for i=1 to N
5               do 找到距离实例点pᵢ最近的中心Cₖ
6                   并将实例点pᵢ分配到Cₖ的簇内
7       update step:
8           for i=1 to N
9               do 将cᵢ设为Cᵢ中所有点的簇心
```

图 4-1　K-Means 算法的伪代码

- 基于划分的聚类方法主要基于窗口将流数据分块,采用类似批处理的方式对窗口内数据进行聚类,进而获得流数据聚类的结果。

- 基于层次的聚类方法则主要将流数据聚类过程划分为在线、离线两阶段,在线阶段周期性地存储统计结果,形成增量方式的数据流概要信息,以供离线阶段汇总产生最终聚类结果。

- 基于密度的聚类方法主要通过查找被低密度区域包围的高密度区域来进行聚类,同时继承层次聚类的在线、离线两阶段,利用"微簇"来实现对潜在的正常数据、核心数据、噪声数据等的划分,并在离线阶段完成最终的分簇。

- 基于网格的聚类方法则主要结合基于密度和基于距离的优点,通过划分网格,将数据映射到距离最近的网格上,并通过网格密度对网格进行分簇。

其他还有基于模型的方法,即试图为数据集假定一个数学模型,如统计学模型和神经网络模型。基于模型的方法如 EM(Expectation-Maximization)算法、COBWEB 等。

4.2　流数据聚类的评价

一个好的数据流聚类算法应该具备以下三个特征：

① 对已发现的簇提供一个简洁的表示方法；

② 对新的数据元素的处理应该是增量式的,且应该是快速的；

③ 有清晰而快速的孤立点检测能力。

那么如何衡量流数据聚类的质量呢？ 根据是否已知标签,聚类质量的度量可以分为两种:内部度量和外部度量。

4.2.1　内部度量

在真实的分群标签未知的情况下,内部度量典型评价指标列举如下。

(1) 凝聚度(Cohesion)

凝聚度用于量化簇内的不相似度,记作 a_i,a_i 越小,表示元素 x_i 越应该被聚类到该簇,聚类效果越好。

计算方式为,对于第 i 个元素 x_i,计算 x_i 与其同一个簇内的所有其他元素距离的平均值。

(2) 分离度(Separation)

分离度用于量化簇之间的不相似度,记为 b_i。b_i 越大,表示样本 x_i 越不属于其他簇,聚类效果越好。

计算方式为,选取 x_i 外的一个簇 C_j,计算 x_i 与 C_j 中所有点的平均距离 b_{ij},找到最近的这个平均距离,记作 b_i,即取 $b_i = \min\{b_{i1}, b_{i2}, \cdots, b_{ik}\}$。

(3) 轮廓系数(Silhouette Coefficient)

轮廓系数是聚类效果好坏的一种评价方式。轮廓系数取值为 $-1 \sim 1$,值越大,表示聚类效果越好。

对于元素 x_i,轮廓系数计算公式:

$$s(i) = \frac{b(i) - a(i)}{\max\{a(i), b(i)\}} \quad s(i) = \begin{cases} 1 - \dfrac{a(i)}{b(i)}, & a(i) < b(i) \\ 0, & a(i) = b(i) \\ \dfrac{b(i)}{a(i)} - 1, & a(i) > b(i) \end{cases}$$

其中,a_i 代表聚类的凝聚度,b_i 代表聚类的分离度。

(4) 邓恩指数(Dunn Validity Index)

邓恩指数用于识别密集且分离良好的簇。指数越大,表示类间距离越大,同时类内距离越小。其被定义为最小簇间距离与最大簇内距离的比率。计算公式为:

$$D = \frac{\min\limits_{1 \leqslant i < j \leqslant n} d(i,j)}{\max\limits_{1 \leqslant k \leqslant n} d'(k)}$$

其中 $d(i,j)$ 表示簇 i 和 j 之间的距离,$d'(k)$ 是簇 k 的簇内距离。

4.2.2　外部度量

在真实的分群标签已知的情况下,外部度量典型评价指标列举如下。

(1) 准确度(Accuracy)

准确度为聚类正确的百分比。准确度越高,代表聚类效果越好。

（2）纯度（Purity）

可用纯度衡量簇内包含单个类的程度。计算方式为簇内正确聚类的对象数量占总数的比例。取值为 0～1,完全错误的聚类方法值为 0,完全正确的方法值为 1。计算公式为:

$$\frac{1}{N}\sum_{m\in M}\max_{d\in D}|m\bigcap d|$$

其中,M 为给定的簇,D 为聚类,N 为全部簇上的数据点数量。

（3）兰德指数（Rand Index/ Rand Measure）

可用兰德指数计算分簇（由聚类算法返回）与基准分类的相似程度。在形式上是:

$$RI=\frac{TP+FN}{TP+FP+FN+TN}$$

其中,TP 是真阳性数量（同一类的数据分到同一簇）,TN 是真阴性的数量（不同类的数据被分到了不同簇）,FP 是误报的数量（不同类的数据被分到了同一簇）,FN 是假阴性的数量（同一类的数据被分到了不同簇）。

（4）聚类映射尺度（Cluster Mapping Measure,CMM）

聚类映射尺度是 Kremer 等人提出的一项测量方法,专门针对不断演变的数据流而设计,该方法考虑到随着时间的推移,群集的合并和拆分可能会产生明显的错误。

在聚类过程中,如果质心保持固定,则可以容易地保证上面列出的测量方法以递增方式存储恒定数量的值。而当质心随时间演变时,可以将这些值在滑动窗口上进行评估。

其计算方法如下。

给定数据集 $O^+=O\bigcup Cl_{noise}$,真值 $CL^+=CL\bigcup\{Cl_{noise}\}$,聚类 $C=\{C_1,\cdots,C_k,C_\phi\}$,错误数据集 $F\subseteq O^+$,C 和 CL^+ 之间的 CMM 被定义为:

$$CMM(C,CL^+)=1-\frac{\sum_{o\in\mathscr{F}}w(o)\cdot pen(o,C)}{\sum_{o\in\mathscr{F}}w(o)\cdot con(o,Cl(o))}$$

其中,$w(o)$ 为权重,pen 定义为总的惩罚（Overall Penalty）,

$$pen(o,C)=\max_{C_i\in faultClu(o)}\{pen(o,C_i)\}$$

$$pen(o,C_i)=con(o,Cl(o))\cdot(1-con(o,map(C_i)))$$

其中,con 定义为连通度（Point Connectivity）,

$$con(p,C_i)=\begin{cases}1 & knhDist(p,C_i)<knhDist(C_i)\\0 & C_i=\varnothing\\\frac{knhDist(C_i)}{knhDist(p,C_i)} & 其他\end{cases}$$

联通度实际是考虑了流计算过程中，当数据在变化的时候，不同窗口中数据点的连接强度，如图 4-2 所示。

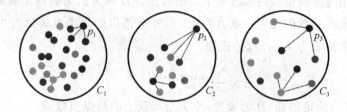

图 4-2　流计算中不同窗口数据连接强度示意图

其中，knhDist 定义为 k 近邻距离（Average k-Neighborhood Distance），

$$\text{knhDist}(p, C_i) = \frac{1}{k} \sum_{o \in \text{knh}(p, C_i)} \text{Dist}(p, o)$$

$$\text{knhDist}(C_i) = \frac{1}{|C_i|} \sum_{p \in C_i} \text{knhDist}(p, C_i)$$

进一步的推导可参考 Hardy Kremer 发表的论文[17]。

4.3　不同窗口模型的聚类分析

流数据处理过程中存在多种处理模型，常用的包括滑动窗口模型、衰减窗口模型等。

考虑到流数据的数据到达可能并不是均匀的，一般需要采用衰减因子来设置数据的新旧程度，从而实现强调近期数据重要性、消减历史数据对计算结果影响的目的。即在数据元素参与计算前，先经过衰减函数的作用，并将判断为一定程度的"旧"数据从数据窗口中删除。常用的衰减函数形式是指数形式。

滑动窗口上
的聚类

滑动窗口和衰减函数都只能在单一时间维的窗口上得到计算结果，如果要在不同的时间粒度层上进行分析和挖掘，就需要用到倾斜时间框架。比如，用户通常对细粒度层上的当前变化感兴趣，而在粗粒度层上对长期变化感兴趣。即将最近的数据在最细的粒度层上记录和运算，较久远的数据在较粗的粒度上记录和运算。

有三种倾斜时间框架模型能够满足这一要求：自然（Natural）倾斜时间框架模型、对数尺度（Logarithmic Scale）倾斜时间框架模型和渐进对数（Progressive Logarithmic）倾斜时间框架模型。

4.4　基于划分的流数据聚类算法

4.4.1　STREAM 算法

S. Guha 等基于 K-Means 提出了 STREAM 算法,聚焦于解决 K-中位数问题(K-Medians),即把度量空间中的 N 个数据点聚类成 K 个簇,使得数据点与其簇之间的误差平方和最小。其以批处理的方式使用质心(中心点,中位数)和权值(类中数据个数)表示聚类。每次批处理的数据点个数受内存大小的限制,对于每一批数据,使用 STREAM 算法进行聚类后,得到加权的聚类质心集。

中位数与
K 中位数

如图 4-3 所示,STREAM 算法采用分级聚类,首先对最初的 m 个输入数据进行聚类得到 $O(K)$ 个 1 级带权质心,然后重复该过程 $m/O(K)$ 次,得到 m 个 1 级带权质心,对这 m 个 1 级带权质心再进行聚类得到 $O(K)$ 个 2 级带权质心;同理,每当得到 m 个 i 级带权质心时,就对这些质心进行一次聚类得到 $O(K)$ 个 $i+1$ 级带权质心;重复这一过程直到得到最终的 $O(K)$ 个质心。对于每个第 $i+1$ 级带权质心而言,其权值是与它对应的 i 级质心的权值之和。

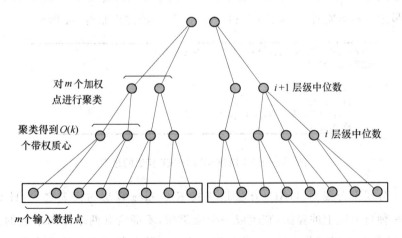

图 4-3　STREAM 算法示意图

STREAM 算法在聚类过程中,簇的个数不再是一个固定的值,而是一个更合理的值,仅仅在算法结束时趋向于 K,得到了更好的性能和更高质量的结果簇。但是,STREAM 聚类结果可能受控于过期的数据点,这使得算法无法考虑数据流的演变,也无法在任意时刻给出不同时间粒度的聚类结果。

4.4.2　K-Center 算法

K-Center 是一种基于划分的方法,代表算法有三个,分别是 FARTHEST POINT、HAC 和 Stream K-Center。

K-Center 算法的一般过程是给定整数 K 和来自度量空间 (X, D) 的一系列的点 S,其中 $|S| = n$,K-Center 问题就是寻找 K 个有代表性的点 $C = \{c_1, \cdots, c_K\} \subseteq S$ 使

$$\max_{x \in S} \min_{c_i \in C} D(c_i, x)$$

最小。其中,min 函数是当指定中心后,将每个点分配给离其最近的中心对应的聚类;外部的 max 函数是确定需要的最大半径。如果有一个点离其他点非常远,则该点将会决定聚类的质量。

FARTHEST POINT 算法生成 k 个中心组成的集合以及最优聚类的 2 倍近似解,即找到 k 个中心使从某点到离它最近的中心的最大距离最多是最优 K-Center 聚类的距离的两倍。该算法通过迭代过程寻找该集合,第一个中心是随机选择的,其他的中心是通过寻找数据集中离它最近的中心的距离最远点的方法找到的。但是 FARTHEST POINT 算法并不适合对流进行聚类,因为如果不读和保存关于整个流的信息就决定哪个点距离当前中心最远是不可能的。FARTHEST POINT 算法的过程如图 4-4 所示。

输入:数据点集 S,度量空间 (X,D),簇中心个数 K
输出:K 个簇中心

1　　$c_1 \leftarrow S$ 中的任意一点
2　　**for** $i = 2$ **to** K
3　　　　$c_1 \leftarrow S$ 中距离簇心 $c_1, \cdots, c_{i-1}$ 最远的一点
4　　输出 $c_1, \cdots, c_k$

图 4-4　FARTHEST POINT 算法的过程

分层聚合聚类(HAC)算法是流式 K-Center 算法的代表之一,HAC 是一种自下而上的算法,它生成一个聚类树,不断合并两个距离最近的聚类,树的叶子对应单个节点,每个节点都是由孩子节点定义的子聚类组成的聚类。典型 HAC 算法的过程如图 4-5 所示。

Stream K-Center 算法是将 FARTHEST POINT 和 HAC 结合起来以获得具有好的近似倍率的算法,是一种适合流式 K-Center 的算法。完整的算法过程如图 4-6 所示,Stream K-Center 算法是在 K-Center 问题的最优解上

保持下界 r，然后任意选择任何中心并合并距离 r 内的所有中心，重复直到所有中心都被覆盖。参数 r 将会随着点数的增多单调递增。在任意时刻该算法至多会有 k 个中心，中心的数量可能会少于 k（可能仅仅只会有一个中心），但是在这种情况下，该算法的性能依旧接近最优解。可以证明，在任意时刻如果中心是 $\{c_1, \cdots, c_l\}$，其中 $l \leq k$，那么任意两个点之间的最短距离是 $4r$。因此当我们遇到 $k+1$ 个中心点的情况时，距离最小的点对之间的距离 t 会大于 $4r$，于是要将 r 的值设置为 $t/2$ 或者至少将 r 加倍。

输入：数据点集 S，度量空间 (X,D)，簇中心个数 K
输出：K 个簇中心

1　初始状态下所有的点都是一个簇（大小为 1），并且它们代表了自己的簇
2　**for** $i=1$ to n
3　　选择两个最近的簇，比如，两个最近的簇心
4　　合并两个簇，并选择一个合适的簇心代表合并后的簇
5　输出聚类树

图 4-5　分层聚合聚类（HAC）算法的过程

输入：度量空间 (X,D) 中一次到达一个点的实例点序列 S
输出：K 个簇中心

1　初始化：最开始的 k 个点作为中心并将 $r \leftarrow 0$
2　**for** 每个新加入的点 i
　　(a)假设当前中心为 $c_1, \cdots, c_l$
　　(b)如果点 i 的 $4r$ 距离内有任何中心，那么将点 i 归到那个簇中，如果有多个簇，任意选择其中一个
　　(c)其他情形，
　　　i.　如果 $l < k$，让 $c_{l+1} = i$，并创建一个新簇，点 i 为簇心
　　　ii.　其他情况
　　　　A.　求出集合 $C = \{c_1, \cdots, c_k, i\}$ 中任意一对点的最短距离，并将其赋值给 t
　　　　B.　$r \leftarrow t/2$
　　　　C.　从 C 中选择一个点，并让它成为一个新的中心 c'_1。去除 C 中所有距离点 c'_1 小于 $4r$ 的点。所有的簇心(包括被移除的中心和单个簇心 i)都被合并到以为 c'_1 中心的簇中
　　　　D.　重复上述步骤直到 C 为空。这些新生成的中心又被拿去处理下一个新的点
3　输出最后的簇中心

图 4-6　Stream K-Center 算法的过程

4.5　基于层次的流数据聚类算法

CluStream 是一个数据流聚类的处理框架，它把聚类过程分为两个部分：在线的微聚类（Micro Clustering）和离线的宏聚类（Macro Clustering）。

在线部分使用微簇（Micro Cluster）计算和存储数据流的汇总统计信

息,实现增量的联机聚类查询;离线部分则进行宏聚类,利用 Pyramidal 时间框架提供用户感兴趣的不同时间粒度上的聚类结果。

CluStream 是增量式的聚类算法,在每个数据项到来时进行处理,能给出实时的回应,且能给出不同时间粒度的聚类结果。

CluStream 算法处理过程如下。

(1) 在线部分

在线的微簇过程由初始化和更新阶段组成。

首先初始化 q 个微簇 $M_1, \cdots, M_q$,q 根据内存的情况取尽可能大的值,q 个微簇根据当前数据的统计信息用 K-Means 算法得到。

然后更新微簇。每个新数据点根据是否落在某个微簇的边界之内,选择加入某个微簇或者新建一个微簇。前者根据可加性被已存在的微簇"吸收",后者则需要删除一个最近最少用的微簇或者合并存在的微簇以保持 q 值不变。

(2) 离线部分

离线部分实现用户指导的宏聚类和聚类演变分析(Evolution Analysis)。

宏聚类提供用户要求的不同时间粒度的聚类结果;聚类演变分析考察聚类结果如何随时间变化。这两点可通过 Pyramidal 时间框架和聚类特征的可加减性实现。前者根据当前时间 t_c 和用户指定的时间范围 h,在 Pyramidal 时间框架中找到 t 时刻的快照 $S(t)$ 和 $t_c - h$ 时刻的快照 $S(t_c - h)$,相减得到 $t_c - h$ 到 t_c 之间生成的微簇集 $N(t_c, h)$,$N(t_c, h)$ 即是加权虚拟点集。然后用 STREAM 算法进行聚类,得到 h 时间范围内的数据流聚类结果。

聚类演变分析告诉用户哪些数据点在 t_1 时刻的簇中出现而在 t_2 时刻的簇中消失,哪些数据点在两个时刻的簇中都存在。给定 t_1、t_2 和 h,计算出 $N(t_1, h)$ 和 $N(t_2, h)$。

CluStream 通过使用倾斜时间框架,保存了数据流演变的历史信息,在数据流变化剧烈时仍可以产生高质量的聚类结果,并且提供了丰富的功能。CluStream 的这两个阶段处理框架被许许多多后来的数据流聚类算法所效仿和采用,因为这对于希望分别考察诸如上周、上月以及去年的聚类分析结果的用户意义重大。

4.6 基于密度的流数据聚类算法

Cao 等提出的 DenStream 算法扩展了传统数据集聚类算法中基于密

度的方法 DBSCAN,可以处理任意形状的数据流聚类问题。DenStream
算法沿袭了 CluStream 算法的处理框架,把聚类分析的过程划分为在线和
离线两个阶段。

(1) 在线阶段

在现阶段提供微聚类结构,包括潜在微簇(p-micro-cluster)和孤立点
微簇(o-micro-cluster)结构,这两个微簇结构的不同之处仅仅在于其约束
条件:密度小于某个阈值的簇被当作孤立点簇,而超过该阈值的簇被视为
潜在微簇。

算法以周期性的存储统计结果,形成增量方式的数据流概要信息。
当一个新的数据点到来时的处理过程如下。

① 首先试图将它合并到其最邻近的 p-micro-cluster 中;

② 如果①失败,则试图将其合并到最邻近的 o-micro-cluster 中去。
若合并成功,检测该 o-micro-cluster 的密度是否大于阈值,若是,则将该 o-
micro-cluster 转换为 p-micro-cluster;

③ 如果仍然无法找到最邻近的 o-micro-cluster,则新建一个 o-micro-
cluster 来容纳该数据点。

(2) 离线阶段

离线阶段提供宏聚类,当用户的聚类要求到来时,DenStream 算法先
忽略密度不足的两类微簇,然后使用 DBSCAN 算法,对当前的 p-micro-
cluster 和 o-micro-cluster 进行处理,得到聚类结果并返回。

4.7　基于网格的流数据聚类算法

与 DenStream 算法一样,D-Stream 算法也着力解决对任意形状的数
据流聚类问题,强调了孤立点探测,并且依据密度来判断聚类。所不同的
是,D-Stream 算法是一个基于网格的算法,使用密度网格(Density Grid)
结构。D-Stream 算法同样分为在线和离线两个阶段,在线阶段将接收到
的每个数据元素映射到某个网格中,而离线阶段对这些网络的密度进行
计算和聚类,如图 4-7 所示。

在线阶段提供持续地读入新的数据元素,并将多维的数据元素映射
到多维空间内对应的离散的密度网格中,同时更新密度网格的特征向量。

离线阶段则在每隔一个时间隙后动态地调整当前的簇。初始簇在第
一个时间隙后形成,此后算法周期性地移除零星的簇,并调节已经生成
的簇。

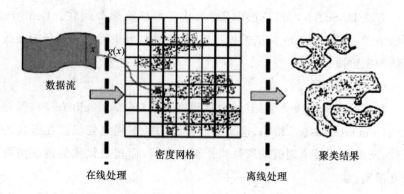

图 4-7　D-Stream 算法示意图

通过使用网格结构，D-Stream 算法无须保留大量的原始数据，而仅仅需要对网格进行操作，扩展性好，算法不会随着数据量的增大而变慢，但是对于高维数据流，D-Stream 算法所需要的网络数量可能会非常大。

4.8　其他流数据聚类算法

4.8.1　K-Median 算法

K-Median 算法的目标是给出一系列的点 S，寻找一系列的中心 C 使 $C \subseteq S$，$|C| \leqslant K$ 并且 $\sum\limits_{x \in S} \min\limits_{c \in C} D(x, c)$ 最小。该目标有时候被叫作离散 K-Median 问题，因为中心被限制为数据集中的点。

K-Median 流式算法是一种分而治之的方法，基本思路是将流分为几部分，每一部分只存储中心点和分配给该中心点的数量，再对每部分进行聚类。如果在任何时候需要产生最终聚类，则考虑从目前所见的所有部分收集的（加权）聚类中心的并集，通过聚合这组加权点以获得良好的聚类。这一方式带来的好处是可以约束实现的聚类的质量，且空间复杂度为 $O(n)$。算法过程如图 4-8 所示。

输入：数据流 $S = x_1, \cdots, x_n$，距离度量 d，中心个数 K
输出：经过聚类的每个部分 P_i，以及每个簇中心的权重

1　将数据流分为几个连续的部分 $P_1, \cdots, P_m$
2　对于每个部分 P_i
3　　对每个 P_i 进行聚类，找到 P_i 的簇心
4　　在内存中，记录 P_i 的簇心和分配给每个中心点的权重

图 4-8　K-Median 算法的过程

K-Median 算法中有两个很重要的定理：

① 如果流是点 S 的序列并且在步骤 3 中使用最优算法定义聚类中心，则对任意的 $i, P_1, \cdots, P_i$ 聚类中心的输出是最优聚类的 8-近似解；

② 如果在步骤 3 中使用 α-近似解，那么最终的解是 $2\alpha(2\alpha+1)+2\alpha$ 近似解。

4.8.2　BIRCH 算法

BIRCH 是一种增量聚类方法，它使用聚类特征（CF）向量来表示微聚类。

假设数据集点是 d 个实数组成的向量，CF 由 N、LS 和 SS 三元组组成，其中，N 是 CF 中数据点的总数；LS 是 N 个数据点的 d 维和；SS 是 N 个数据点的 d 维平方和。

聚类特征 CF 具备可加性，如 $CF_1 + CF_2 = (N_1 + N_2, LS_1 + LS_2, SS_1 + SS_2)$。从一点到一个聚类的距离、聚类间的平均距离以及聚类平均内部距离都很容易从 CF 计算。

BIRCH 算法也分为在线部分和离线部分，且由以下步骤完成。

（1）在线部分

• 扫描所有数据并在初始内存中构建一个 CF 树。

（2）离线部分

• 将 CF 树压缩为较小的树（可选）；

• 基于 CF 树中收集的信息执行全局批量聚类；

• 细化聚类（可选，需要数据多次通过）。

对于每个到达的点，算法将树降低，遍历内部节点并更新其 CF 处的统计数据，以到达最靠近该点的叶子。然后检查叶子是否能在半径 R 内吸收它。如果是，则通过更新叶子统计信息将该点"分配"到叶子。如果不是，则为新点创建新叶。这个新叶可能导致父节点有多个子节点；如果是这样，它必须分成两部分，然后递归到根。

4.9　小　　结

聚类是将数据对象集合中相似的对象元素划分为同一簇的过程，然而，传统的聚类算法需要对数据集进行多轮遍历，如 K-Means，这并不适用于具有实时性、易失性、突发性和无序性等特征的流数据。因此，流数据算法需要从数据集、初始化、分块方法、数据动态更新方式等角度进行针对性处理。

基于不同的处理框架，本章描述了多种不同类型的流数据聚类算法，分别可以获得不同时间粒度的聚类结果。即便是相同的处理框架，由于选择了不同的簇结构约束条件和更新方式，聚类效果也是不一样的。比如在基于密度的算法和基于网格的算法过程中，都是把聚类过程分成了在线的微聚类和离线的宏聚类两个阶段，不同之处在于前者是基于密度计算聚类，而后者是基于划分的网格密度进行聚类，显然基于网格的结构扩展性要好很多，并不需要保留大量的原始数据。

本章知识点

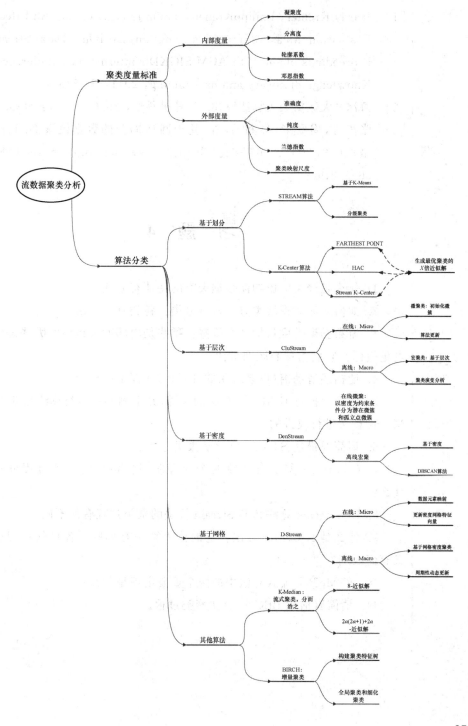

扩展阅读

[1] Hardy Kremer，PhilippKranen，Timm Jansen，et，al. An Effective Evaluation Measure for Clustering on Evolving Data Streams. Proceedings of the 17th ACM SIGKDD international conference on Knowledge discovery and data mining，2011:868-876.

[2] 海沫. 大数据聚类算法综述. 计算机科学，2016，43（6）:380-383.

[3] 张东月，周丽华，吴湘云，等. 基于网格耦合的数据流聚类. 软件学报，2019，30（3）:667-683. http://www. jos. org. cn/1000-9825/5693. htm.

习 题 4

1. 什么是聚类？影响流数据聚类的特征有哪些？

2. 如何对流数据聚类方法进行分类？各类有何区别？

3. 流数据聚类度量标准有哪些？哪些是内部度量指标？哪些是外部度量指标？它们的核心区别是什么？

4. 请描述滑动窗口、衰减函数、倾斜时间框架的概念。

5. 请简要描述 K-Means 算法的步骤，并举例哪些聚类算法是基于 K-Means 算法进行改进的。

6. 请简要描述 STREAM 算法聚类过程。

7. CluStream 算法分为哪两个处理阶段？各自的处理过程分别是什么？

8. DenStream 算法和 D-Stream 算法的聚类过程有何不同？

9. 什么是 K-Center 算法？它的代表算法有哪些？各自的处理过程又有何区别？

10. K-Median 流式算法中的两个重要定理是什么？

11. 请简要描述 BIRCH 算法聚类过程。

第5章
流数据分类分析技术

分类作为机器学习的一个主要任务[18],得到了深入的研究。分类是一种监督学习技术,给定类的集合,分类过程试图预测一个新样本可能属于哪个类。分类的结果通常要么是确定的单个类,要么是属于每个类的可能性的概率分布。垃圾邮件过滤器就是一个很好的例子,可以根据被用户标记过的邮件训练过滤器,最后能够预测新邮件是否是垃圾邮件。

5.1 分类算法

给定 Q 个训练样本 $A(t_i)$,每个样本包含 N 个属性 $a_j(t_i)$,每个样本的实际类标签为 $l(t_i)$,其中 $0 \leq i < Q, 0 \leq j < N$。分类问题就是训练函数 Γ 从而将样本的属性值映射到对应的类标签。该函数可以用来预测新样本的类标签。

多数类(Majority Class)算法是最简单的分类器之一,它将新样本预测为当前最频繁的类。它主要用作其他分类器预测性能的基线,也用作决策树叶子上的默认分类器。多数类分类器的实现,只需要为所有类维护一个计数器数组即可。

聚类与分类

不变分类器(No-change Classifier)是流数据的另一种简单分类器,它不需要样本特征,利用标签分配中常见的自相关性,将新样本的标签预测为前一个样本的真实标签。这个分类器的优势是仅在边界处出错,并且会很快调整到正确的标签。不变分类器很适合用于聚类算法整合。

目前主流的分类方法包括基于概率的分类和基于决策树的分类。

基于概率的分类代表是朴素贝叶斯(Naive Bayes)分类模型,基于贝叶斯定理。朴素贝叶斯的优点是只需要少量的训练数据来估计分类所需的参数，因此比较适合流计算环境。

基于决策树(Decision Trees)的分类是另一种常用的分类器，具有易解释、易可视化的特性。在决策树中，每个内部节点对应一个属性，该属性为每个属性值设立一个分支；叶子节点则对应分类预测器，通常是多数类分类器。决策树的训练过程需要决定树的结构，以及每个节点需要测试的属性。在决策树的构建过程中，节点的分裂是通过最优化当前节点的分裂评价函数 G 来实现的。通常该函数依赖于信息增益(如 C4.5 算法[19])或 Gini 指数(如 CART 算法[20])。但是传统决策树算法需要多次遍历数据，无法支持流数据环境。适合流数据分类的算法主要是 Hoeffding 树算法。Hoeffding 树算法基于 Hoeffding 边界理论，它的时间复杂度是次线性的，且能产生与传统大数据下几乎一致的决策树。

假设值 a 是一个随机变量，如果给出 m 个 a 的值，则 Hoeffding 边界理论会以 $1-\eta$ 的概率保证实际均值与观察均值之差的绝对值小于 ε，其中，

Hoeffding 界

$$\varepsilon = \sqrt{(R^2 \ln(1/\eta))/2m}$$

R 为随机变量 a 的值域。对于概率，R 为 1；对于信息增益，R 为 $\log c$，c 是类的个数。

Hoeffding 边界理论并不需要预先确定数据的概率分布，因此其用在流计算领域中是比较合适的，能够保证 Hoeffding 树算法以高概率确定决策树的分裂属性。

5.2 流数据分类的评价

几乎所有数据挖掘算法，特别是分类算法，都假定数据是独立同分布的，因此可通过平稳分布随机产生(没有特定顺序的)数据。但是在流数据挖掘环境下，独立同分布的假设不再有效，因为概念漂移的存在，随着流数据的持续产生，数据的分布可能会变化。

流数据挖掘与传统数据挖掘评价的主要区别在于如何进行误差估计。我们首先介绍如何定义和估计准确度，然后看一下哪些度量方法能够最方便地度量算法的性能。最后，我们介绍一些统计来验证显著性和度量分类算法的成本。

5.2.1 误差估计

学习模型的评价需要决定哪些样本用于训练模型，哪些样本用于测

试模型。在传统批量学习中,通常将数据集划分为不相交的训练集和测试集。但是在数据样本有限的情况下,一般选择交叉验证来复用样本,通过样本的不同随机排列来区分训练集和测试集,并求均值作为模型的误差估计。对于流数据上的学习模型,交叉验证的代价极大且无法描述准确度的时变特征,从而出现以下方法。

(1) 保留式验证(Holdout)

数据流用于不断地训练模型,保留一个验证子集用于周期性地评价模型。模型性能的评价对验证子集的选取是敏感的,评价结果会随验证子集的不同而发生变化。

(2) 交织式先测试后训练(Interleaved Test-then-train)。

数据流中每个样本都先用于测试模型的性能,再用于训练该模型。因此,该模型总是在新样本上进行测试。

(3) 前兆序列(Prequential)

与交织式先测试后训练类似,但通过使用滑动窗口或衰减因子,使得最新样本对模型性能评价的重要性更大。

(4) 交织块(Interleaved Chunks)

与交织式先测试后训练类似,但其面向数据块序列。

分布式数据流场景中,可以同时训练多个分类器,借鉴经典 k 折交叉验证得出以下几种评价方法。

(1) k-折分布式分裂验证(k-fold Distributed Split-validation)

在数据样本量大且存在 k 个分类器时使用该方法。每个新样本到达时,都以 $1/k$ 的概率将其用于测试:如果样本用于测试,则所有分类器都使用它进行测试;如果样本用于训练,则只分配给一个分类器。因此,每个分类器都使用不同的样本进行训练,但使用相同的样本进行测试。

(2) $c \times 2$ 分布式交叉验证($c \times 2$ Distributed Cross-validation)

当数据样本量不丰富且存在多个分类器时使用该方法。首先将分类器分为 c 组,每组 2 个。对于每一组分类器,在新样本到达时,就以 $1/2$ 的概率决定使用哪个分类器进行测试,哪个分类器进行训练。该方法中所有样本都用于测试或训练,并且测试样本和训练样本之间没有重叠。

(3) k-折分布式交叉验证(k-fold Distributed Cross-validation)

当数据样本量不足,且存在 k 个分类器时使用该方法。每个新样本到达时,都随机选择一个分类器使用该样本进行测试,其他分类器则使用该样本进行训练。

5.2.2 性能评价指标

（1）Kappa 统计量

在实际数据流中，每个类的实例数可能会不断变化，Kappa 统计量是量化流分类器前瞻性能的指标。Cohen 提出的 Kappa 统计量 κ 定义[21]如下：

$$\kappa = \frac{p_0 - p_c}{1 - p_c}$$

其中，p_0 是分类器的前兆序列准确率；而概率 p_c 表示随机分类器做出正确分类的概率（它随机将样本分配给各个类，并且分配给各个类的样本数量需要与待评价分类器相同）。如果分类器总是正确的，则 $\kappa = 1$；如果它的分类准确率与随机分类器相同，则 $\kappa = 0$。

Kappa m 统计量 κ_m 将待评价分类器与多数类分类器进行比较：

$$\kappa_m = \frac{p_0 - p_m}{1 - p_m}$$

其中，p_m 是多数类分类器的准确率。例如，对于二分类问题，全部样本中标签 1 占 1 000 个样本，标签 2 占 500 个样本，则多数类分类器的准确率为 1 000/1 500＝0.666，待评价分类器的准确率大于 0.666 才有意义。

Kappa 时间统计量 κ_{per} 考虑了数据流中存在的时间依赖关系，它的定义为：

$$\kappa_{per} = \frac{p_0 - p'_e}{1 - p'_e}$$

其中，p'_e 是不变分类器的准确率，它返回上一个收到的样本的标签，在相同标签突发式连续到达时比较简单有效。统计量 κ_{per} 在 $-\infty$ 到 1 之间取值：如果待评价分类器的输出结果完全正确，则 $\kappa_{per} = 1$；如果待评价分类器与不变分类器的准确率相同，则 $\kappa_{per} = 0$；优于不变分类器的统计量位于 0 到 1 之间；如果待评价分类器的性能比不变分类器差，则 $\kappa_{per} < 0$。κ_{per} 可以用于评价有时间依赖数据下的分类器性能；而对于分布极不平衡但独立分布的数据，多数类分类器可能优于不变分类器。因此，κ_{per} 和 κ_m 统计量可以看作是正交的，它们度量了分类器性能的不同方面。

（2）ROC 曲线与 AUC 值

针对一个二分类问题，在实际分类中会出现四种情况（如图 5-1 所示的混淆矩阵）：

① 若一个实例是正类，且被预测为正类，即为真正类（True Positive，TP）；

② 若一个实例是正类,但被预测为负类,即为假负类(False Negative,FN);

③ 若一个实例是负类,但被预测为正类,即为假正类(False Positive,FP);

④ 若一个实例是负类,且被预测为负类,即为真负类(True Negative,TN)。

		预测		
		1	0	合计
实际	1	True Positive TP	False Negative FN	Actual Positive(TP+FN)
	0	False Positive FP	True Negative TN	Actual Negative(FP+TN)
合计		Predicted Positive(TP+FP)	Predicted Negative(FN+TN)	TP+FN+FP+TN

图 5-1　混淆矩阵

ROC(Receiver Operating Characteristic)常被用来评价二分类分类器的优劣。对于某个二分类分类器来说,输出的正负标签取决于输出的概率以及设定的判别阈值,比如判别阈值设定为 0.5,大于 0.5 的认为是正样本,小于 0.5 的认为是负样本。如果增大判别阈值,FP 的概率就会降低,但是随之而来的就是 TP 的概率也降低;如果减小这个阈值,那么 TP 的概率会升高,但是同时 FP 的概率也会升高。实际上,判别阈值的选取一定程度上反映了分类器的分类能力。

图 5-2 给出 ROC 曲线的示意图,线上每个点都对应一个判别阈值。ROC 曲线的横轴为假正类率(False Positive Rate,FPR),即 FPR=FP/(FP+TN),代表分类器预测的正类中实际负实例占所有负实例的比例;纵轴为真正类率(True Positive Rate,TPR),即 TPR=TP/(TP+FN),代表分类器预测的正类中实际正实例占所有正实例的比例。不难得到,FPR 越大,预测正类中实际负类越多;TPR 越大,预测正类中实际正类越多。所以,分类器的理想目标是 TPR=1,FPR=0,即图中(0,1)点。若 ROC 曲线在斜对角线以下,则表示该分类器效果差于随机分类器;反之,则好于随机分类器。

ROC 曲线一定程度上可以反映分类器的分类效果,但是还不够直观。AUC(Area under the ROC curve)通过 ROC 曲线下面积(图 5-2 中阴影部分面积),来直观表达分类器的分类能力。AUC=1 表示完美分类器,0.5<AUC<1 表示优于随机分类器,0<AUC<0.5 表示差于随机分类器。针对流数据场景,文献[22]使用带滑动窗口的排序树来计算具有遗

忘特征的 AUC，称作前兆序列 AUC(Prequential AUC)。

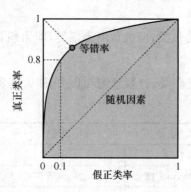

图 5-2　ROC 曲线示意图

（3）算术和几何平均值

算术平均值和几何平均值也是关注类间不均衡性的指标，算术准确率 A 和几何准确率 G 的定义如下：

$$A=1/n_c \cdot (A_1+A_2+\cdots+A_{n_c}), \quad G=(A_1\times A_2\times\cdots\times A_{n_c})^{1/n_c}$$

其中，A_i 是对类 i 的测试准确率，n_c 是类的数量。特别的，多数类分类器的几何准确率是 0，因为除多数类外的其他类准确率均为 0。对于完全正确的分类器，算术准确率和几何准确率都为 1。

【例 5-1】　考虑图 5-3 中的混淆矩阵，Class＋被正确预测了 75 次，Class－被正确预测 10 次，准确率 p_0 是 85%。然而，在给定比例下，随机预测分类器将分别以 $0.83\times 0.82=68.06\%$ 和 $0.17\times 0.18=3.06\%$ 的情况下正确预测 Class＋和 Class－，因此 $p_c=71.12\%$，$\kappa=0.48$。多数类分类器的准确率 $p_m=75\%$，$\kappa_m=0.40$。Class＋的分类正确率为 90.36%，Class－的分类正确率为 58.82%，因此算术准确率 A 为 74.59%，几何准确率 G 为 72.90%。

	预测 Class－	预测 Class＋
正确 Class＋	75	8
正确 Class－	7	10
共计	82	18

图 5-3　混淆矩阵示例

5.2.3　统计显著性

统计显著性（Statistical Significance）是指零假设为真的情况下拒绝

零假设所要承担的风险水平。通过 Chernoff 界或 Hoeffding 界，可以使用参数估计的置信区间来表示估计的可靠性，在比较两个分类器时，用以区分两者准确率的随机和非随机差异。

McNemar 检验[23]是流数据挖掘最常用的非参数检验，用于评价两个分类器性能差异的统计显著性。McNemar 检验需要维护两个变量：被第一个分类器错误分类但没有被第二个分类器错误分类的实例数 a，被第二个分类器错误分类但没有被第一个分类器错误分类的实例数 b。

McNemar 统计量为 $M = (|a-b|-1)^2/(a+b)$，检验服从 χ^2 分布。对于两个分类器性能相同的零假设，如果 $M > 6.635$，则以 0.99 置信度拒绝零假设。

5.2.4　成本度量

模型训练及预测过程中，时间和内存方面的成本估计是流数据挖掘的另一个重要度量。例如，在使用云计算完成流数据挖掘任务的过程中，可以使用每小时使用成本，或每小时和每单位内存的使用成本(Cost Per Hour and Memory Used)来衡量使用成本。

- 每小时使用成本取决于租用云计算资源的时长和大小。
- 每小时和每单位内存的使用成本则不但取决于租用云计算资源的时长，还取决于租用云计算 RAM 资源的大小(RAM-小时：每 GB 的 RAM 计算 1 小时)。

文献[24]引入了上面定义的 RAM-小时作为流算法的资源使用成本度量。

5.3　基于贝叶斯的分类算法

朴素贝叶斯是一种计算量小、计算简单的分类算法。作为一种增量算法，它非常适合于流数据场景。

朴素贝叶斯基于贝叶斯定理，即已知事件 B 发生，此时求事件 A 发生的条件概率 $P(A|B)$，求解公式为：

$$P(A|B) = \frac{P(AB)}{P(B)}$$

此时如果求 $P(B|A)$，则根据贝叶斯定理：

$$P(B|A) = \frac{P(A|B)P(B)}{P(A)}$$

　　朴素贝叶斯就是根据贝叶斯定理，对于给出的数据，求解在此数据出现的条件下各个类别出现的概率。哪个概率大，就认为数据分类到哪个类别中。

　　设待分类的数据向量表示为：

$$x = \{a_1, a_2, \cdots, a_m\}$$

设需要分类的类别集合表示为：

$$C = \{y_1, y_2, \cdots, y_n\}$$

则属于某一分类的条件概率可以表示为：

$$P(y_k|x) = \max\{P(y_1|x), P(y_2|x), \cdots, P(y_n|x)\}$$

$$P(y_i|x) = \frac{P(x|y_i)P(y_i)}{P(x)}$$

　　分母对于所有类别为常数，因此只需将分子最大化。此时，考虑贝叶斯定理，我们预先训练在某一分类条件下的数据出现概率，则得到在各类别下各个特征属性的条件概率估计：

$$P(a_1|y_1), P(a_2|y_1), \cdots, P(a_m|y_1);$$
$$P(a_1|y_2), P(a_2|y_2), \cdots, P(a_m|y_2);$$
$$\vdots$$
$$P(a_1|y_n), P(a_2|y_n), \cdots, P(a_m|y_n);$$

　　如果数据向量的各个特征属性之间相互独立，则可以根据贝叶斯定理得到条件概率为：

$$P(x|y_i)P(y_i) = P(a_1|y_i)P(a_2|y_i)\cdots P(a_m|y_i)P(y_i)$$

$$= P(y_i)\prod_{j=1}^{m}P(a_j|y_i)$$

$$\hat{y} = \arg\max_{i \in (1,\cdots,n)} P(y_i)\prod_{j=1}^{m}P(a_j|y_i)$$

　　基于朴素贝叶斯进行多元分类任务是比较简单高效的，特别是当特征相互独立的假设成立时，其预测能力好于逻辑回归等其他算法，很适合进行增量训练。

　　但是，朴素贝叶斯对特征相互独立的假设，在实际情况中往往很难实现。特别是当数据为数值变量的时候，需要假设其为正态分布。这在实际情况中也往往很困难。

　　另外，贝叶斯需要知道先验概率，很多时候先验概率需要长时间积累才能获得。如果流数据处理过程中，无法获得先验概率，则需要进行先验模型的假设。这就可能由于先验模型假设导致预测效果不佳。特别是当流数据存在概念漂移的时候，数据的分类特征可能随时间变化，这就会导致朴素贝叶斯分类模型的效果变差。

5.4　基于决策树的分类算法

5.4.1　快速决策树算法

快速决策树(Very Fast Decision Tree, VFDT)[25]是 Hoeffding 树的一种改进,采用信息熵或者 Gini 指标作为选择分裂属性的标准,以 Hoeffding 不等式作为判定节点分裂的条件,并用于估计样本数量,从而能够使用更少的数据数量,建立准确率较高的决策树。

基于 Hoeffding 界或加性 Chernoff 界的统计结果可以决定需要多少样本来确定每个节点的测试属性。因此,在确定决策树每个节点的最佳测试属性过程中,VFDT 只需考虑与该节点相关的训练样本子集即可,这就保证了快速决策树只需要对数据扫描一次即可。因此,VFDT 支持增量式学习,适合流数据的处理。

给出 N 个形式为 (x, y) 的训练样本, x 是 d 维属性向量(其中每一维属性可以是符号,也可以是数值), y 是离散的类标签。目标是通过这些样本生成一个 $y=f(x)$ 的模型,这个模型能够准确预测未来样本 x 的类 y。VFDT 的目标是以高概率使基于 n 个样本(n 尽可能小)选择的属性与基于无限个样本选择的属性相同。

基于决策树的构造方法,需要将给定样本进行根节点/叶子节点的测试,一旦选定,后续样本将会被传送到相应的叶子上,继续选择适当的测试属性,从而递归生成决策树。

在判断相应的节点是否需要继续分裂的时候,令 $G(\cdot)$ 为选择属性的启发式度量(如信息增益、基尼指数),需要最大化 G。令 X_a 和 X_b 分别为观察 n 个样本后 $\overline{G}$ 值最高和次高的属性,其中 $\overline{G}$ 为 G 的观测值。

令

$$\Delta \overline{G}=\overline{G}(X_a)-\overline{G}(X_b)\geqslant 0$$

给定一个所需的 δ,如果已经观察了 n 个样本并且

$$\Delta \overline{G}>\varepsilon$$

Hoeffding 界保证了 X_a 是正确选择的概率是 $1-\delta$。因此,节点需要从流中积累样本,直到 ε 小于 $\Delta \overline{G}$ 为止。此时,可以使用当前的最优属性拆分节点,并将后续样本传递给新的叶子。

ΔG 等于或非常接近 0 的时候,是上述过程无法在有限时间内产生决策的唯一情况。在该情况下没有足够的 n 使 $\Delta \overline{G}>\varepsilon$,而此时各个属性在

我们感兴趣的度量上的性能是相同的,可以任意选择属性进行节点分裂。

如果规定 $\Delta\overline{G}$ 的最小值 τ,低于这个值的情况不再考虑,上述过程确保

最多观察 $n=\lceil\frac{1}{2}(R/\tau)^2\ln(1/\delta)\rceil$ 个样本后就不再继续。换言之,选择一种

属性所需的时间是固定的,独立于数据流的规模。

VFDT 算法的伪代码如图 5-4 所示。

```
输入: iid  样本流 T = {X₁,X₂,…,X∞},
      X     一组离散的属性
      G(·)  一个拆分评估函数
      δ     1减去在任意给定节点上选择正确属性的期望概率
      τ     用户指定的连接阈值
      f     一个定界函数(我们使用 Hoeffding 定界
输出: DT 决策树

1   //初始化
2   设 DT 为只有一个叶子 l₁(根)的树
3   对每一个类 yₖ
4       对于每个属性 Xᵢ ∈ X 的每个值 xᵢⱼ
5           使 nᵢⱼₖ(l₁) = 0                      //计算G(1)所需的足够的统计量
6   //样本处理
7   对 T 中的每个样本(x,y)
8       用 DT 把(x,y)排序成叶节点1
9       令 Xᵢ ∈ Xₗ, 对于 x 中的每个 xᵢⱼ
10          增加 nᵢⱼₖ(l)
11      到目前为止在1中看到的样本中, 将1标记为大多数类
12      如果到目前为止在1中看到的样本并不都属于同一个类, 那么
13          使用计数 nᵢⱼₖ(l)为每个属性 Xᵢ ∈ Xₗ 计算 G(Xᵢ)
14          设 Xₐ 为 G 值最大的属性
15          设 X_b 为 G 第二高的属性
16          用 f(.)计算 ε
17          如果 G(Xₐ) − G(X_b) > ε 或 ε < τ,那么
18              用一个在 Xₐ 上分裂的内部节点替换1
19              对于拆分的每个分支
20                  增加一个新叶子 lₘ, 使 Xₘ = X − {Xₐ}
21                  对于每个类 yₖ 和每个属性 Xᵢ ∈ Xₘ 的每个值 xᵢⱼ
22                      使 nᵢⱼₖ(lₘ) = 0
```

图 5-4　VFDT 算法的伪代码

VFDT 在处理过程中最重要的时间成本是重新计算 G,因此 VFDT 可以通过对每 Δn 个到达叶子的样本只检查一次获胜属性来降低时间成本。

VFDT 的内存使用主要在于为所有叶子生长保存充分统计量。如果 d 是属性的数量,v 是每个属性的值的最大数量,c 是类的数量,VFDT 需要 $O(dvc)$ 的内存空间来在每个叶子上存储必要的计数。如果 l 是树中的叶子数,则需要的总内存是 $O(ldvc)$。如果树的大小只取决于"真"概念,并且与训练集的大小无关,那么所需的内存与所看到的样本数量无关。因此只要 VFDT 处理样本的速度比样本到达速度快,就可以使用有限的内存支持无限的数据流。

如果超过可用的内存,VFDT 可以在某些叶子上暂时停止学习。特别地,如果 p_l 是任意样本落入叶子 l 的概率,e_l 是对到达该叶子的训练数

据的分类错误率,那么 p_le_l 是通过细化叶子可以达到的最大误差减少量的估计值。当可用内存耗尽时,可以禁用 p_le_l 值最低的叶子,以释放内存。然后,如果叶子变得比当前活动的叶子更有潜力时,就可以重新激活它。

5.4.2　概念自适应快速决策树算法

流数据处理过程中需要面对概念漂移,这种底层数据的模式变化会影响分类器的准确率。VFDT 可以在一定程度上适应概念漂移,比如通过叶子节点的进一步分裂去提高精度。但是面对更复杂情况的概念漂移,先前通过 Hoeffding 测试的分裂可能不再有效,这就导致 VFDT 无法适应概念漂移后的数据特征。为了适应概念漂移,Hulten 等扩展了 VFDT,提出概念自适应快速决策树(Concept-adapting Very Fast Decision Tree,CVFDT)[26]。

概念自适应快速决策树通过滑动窗口扩展 VFDT,即维护一个针对滑动窗口的模型,但并不是在新样本到来时重新学习新模型,而是通过增加窗口中新样本权重,减小旧样本权重的方式来更新决策树的权重。当出现概念漂移,导致原有通过 Hoeffding 测试的分裂失效,一些节点不再满足 Hoeffding 界时,CVFDT 将生成备用子树。随着数据的流入,当备用子树比已有子树更准确时,使用备用子树替代已有子树,从而完成决策树的更新。

图 5-5 给出了 CVFDT 算法的伪代码。

对于数据流 S,当样本 (x,y) 到达时,将它存储到窗口中,且在必要时遗忘旧的样本。

CVFDT 周期性地扫描 Hoeffding 树 HT 以及所有的备用树来找出那些存在新属性比已选分裂属性测试性能更好的内部节点,在这些节点需要创建备用子树。

图 5-6 给出了 CVFDT 的树生长的伪代码。

与 VFDT 算法的不同点在于,CVFDT 通过在 HT 的每个节点维护一个充分统计量来监测旧决策的有效性,而不是像 VFDT 一样只在叶子维护充分统计量。

图 5-7 给出了 CVFDT 遗忘样本的伪代码。

遗忘旧样本的过程比较复杂,每个节点在创建时都被赋予一个唯一的、单调递增的 ID。当样本加入窗口 W 中时,记录这个节点在 HT 和所有备用树中所到达叶子的最大 ID。窗口中最旧样本的作用被遗忘的过程,是针对该样本所经过的 HT 节点,若节点的 ID 小于或等于样本的 ID,

则减少该样本的充分统计量计数。

输入：	S	样本序列
	X	一组符号属性
	$G(\cdot)$	一个拆分评估函数
	δ	1减去在任意给定节点上选择正确属性的期望概率
	τ	是用户提供的连接阈值
	w	窗口大小
	n_{min}	是检查增长的#样本
	f	是检查漂移的#样本
输出：	HT	决策树

```
1   //初始化
2   设 HT 为只有一个叶节点l₁（根）的树
3   设 ALT (l₁) 为l₁的备用树的初始空集
4   设Ḡ(X∅)为通过预测 S 中最频繁的类而获得的Ḡ
5   设X₁ = X ∪ {X∅}
6   设 W 为样本窗口，初始为空
7   对于每个类yₖ
8       对于每个属性Xᵢ ∈ X 中的每个值xᵢⱼ
9           使nᵢⱼₖ(l₁)=0
10  //样本处理
11  对于 S 中的每个样本（x,y）
12      用 HT 将(x,y)排序成叶子集 L，(x,y)是ALT 中所有树的节点
        通过
13      设 ID 为 L 中叶子的最大 ID
14      将((x,y)，ID)添加到 W 的开头
15      如果|W|> w
16          使((xᵥᵥ,yᵥᵥ),IDᵥᵥ)为 W 中最后一个元素
17          ForgetExamples(HT,n,( xᵥᵥ,yᵥᵥ),IDᵥᵥ)
18          使W=W 删除((xᵥᵥ,yᵥᵥ),IDᵥᵥ)
19      CVFDTGrow(HT,n,G,(x,y),δ,nₘᵢₙ,τ)
20      如果上次检查备选树后有 f 个例子
21          CheckSplitValidity(HT,n,δ)
```

$$\text{图 5-5 CVFDT 算法的伪代码}$$

输入：	HT	决策树
	n	样本数
	G	一个拆分评估函数
	(x,y)	待增加节点
	δ	1减去在任意给定节点上选择正确属性的期望概率
	n_{min}	检查增长的#样本
	τ	用户提供的连接阈值

```
1   使用 HT 将(x,y)排序为叶子 l
2   设 P 为排序中遍历的节点集
3   对于 P 中的每个节点lₚᵢ
4       设Xᵢ ∈ X_{lp}，对于 x 中的每个xᵢⱼ
5           增加nᵢⱼᵧ(lₚ)
6       对 ALT(lₚ)中的每个树Tₐ
7           CVFDTGrow(Tₐ,n,G,(x,y),δ,nₘᵢₘ,τ)
8   到目前为止在 l 中看到的样本中，将 l 标记为大多数类
9   设nₗ是 l 中看到的样本数
10  如果在 l 中看到的样本不都是同一个类，并且nₗ mod nₘᵢₙ是 0，那么
11      用计数 nᵢⱼₖ(l)为每个属性Xᵢ ∈ Xₗ − {X∅}计算Ḡᵢ(Xᵢ)
12      设Xₐ为Ḡ值最大的属性
13      设Xᵦ为Ḡ第二高的属性
14      使用Hoeffding定界和δ计算ε
15      设ΔḠₗ=Ḡₗ(Xₐ) − Ḡₗ(Xᵦ)
16      如果(ΔḠₗ>ε)或(ΔḠₗ ≤ ε<τ)且Xₐ ≠ X∅，那么
17          用一个在Xₐ上分裂的内部节点替换 l
18          对于每个分支的拆分
19              添加新叶子lₘ，使Xₘ = X − {Xₐ}
20              使 ALT(lₘ)={}
21              使Ḡₘ(X∅)是通过预测lₘ的最频繁类而获得的Ḡ
22              对每个类yₖ和每个属性Xᵢ ∈ Xₘ − {X∅}中的每个值xᵢⱼ
23                  使nᵢⱼₖ(lₘ)=0
```

$$\text{图 5-6 CVFDT 算法树生长的伪代码}$$

```
输入：HT      决策树
      n       样本数
      (xω,yω)  节点
      IDω      每个节点的 ID

1    在遍历 ID≤IDω的叶子时，通过 HT 对(xω,yω)进行排序
2    设 P 为排序中遍历的节点集
3    对于 P 中的每个节点 l
4        令Xi∈Xl，对于 x 中的每个xij
5            减少nijk(l)
6        对 ALT(l)中的每个树Talt
7            ForgetExample(Talt,n,(xω,yω),IDω)
```

图 5-7   CVFDT 算法样本遗忘伪代码

CVFDT 周期性地扫描 HT 的内部节点，找出那些已经被选择但不再使用的分裂属性，即$\overline{G}(X_a)-\overline{G}(X_b)\leqslant\varepsilon$ 且 $\varepsilon>\tau$。当找到这样的节点后，CVFDT 知道这是最初 X_a 上的分裂错误（发生概率小于 $\delta\%$），还是样本的产生过程已经发生变化。无论哪种情况，CVFDT 都需要修正 HT。

CVFDT 为 HT 中变化的节点生长备用子树，当备用子树比原始子树更精确时修改 HT。这样，如何判断备用子树比原始子树更精确就成为维持 CVFDT 精度的重点。

图 5-9 所示为拆分有效性检查算法过程的伪代码。

```
输入：HT      决策树
      n       样本数
      δ       1减去在任意给定节点上选择正确属性的期望概率

1    对于 HT 中不是叶子的每个节点 l
2        对于 ALT(l)中的每个树Talt
3            CheckSplitValidity(Talt,n)
4            设Xa为 l 分割属性
5            设Xn为除Xa外G̅l最大的属性
6            设Xb为除Xn外G̅l最高的属性
7            设ΔG̅l=G̅l(Xn)−G̅l(Xb)
8            如果ΔG̅l≥0 并且 ALT(l)中没有树已经在Xn的根处分裂
9                用Hoeffding定界和δ计算ε
10               如果(ΔG̅l>ε)或(ε<τ 和 ΔG̅l≥τ/2)，则
11                   设lnew是一个在Xn上分裂的内部节点
12                   使 ALT(l)=ALT(l)+{lnew}
13                   对于拆分的每个分支
14                       为lnew添加一个新叶子lm
15                       使Xm = X−{Xn}
16                       使 ALT(lm)={}
17                       使ΔG̅l(X∅)是通过预测lm中的最频繁类得的G̅
18                       对于每个类yk和每个属性Xi∈Xm−{X∅}的每个值xij
19                           使nijk(lm) = 0
```

图 5-8   CVFDT 算法拆分有效性检查的伪代码

当新的最佳属性满足 $\Delta\overline{G}>\varepsilon$ 或 $\varepsilon<\tau$ 且 $\Delta\overline{G}\geqslant\tau/2$，开启一个新的备用子树。CVFDT 通过一个变量来限制同一时刻生长的备用树的数量。备

用树的生长方式与 HT 相同。

对于每一个拥有非空备用子树集的节点 l_{test}，周期性的进入测试模式来决定它是否应该被它的备用子树所替代，一旦进入测试模式，l_{test} 收集接下来 m 个到达该节点的训练样本，使用这些样本比较以 l_{test} 为根的子树与所有备用子树的精度。如果最精确的备用子树比 l_{test} 精确，则 l_{test} 被备用子树所替代。

在测试期间，CVFDT 也对不再演化（即随时间推移精度不再提升）的备用子树进行剪裁。对于每个 l_{test} 的备用子树 l_{alt}^i，CVFDT 记录两者的最小精度差异 $\Delta_{\min}(l_{\text{test}}, l_{\text{alt}}^i)$。当两者的精度差超过 $\Delta_{\min}(l_{\text{test}}, l_{\text{alt}}^i)+1\%$ 时将删除相应的备用树。

5.5 其他流数据分类算法

5.5.1 VFDTc 和 UFFT 算法

VFDTc 和 UFFT 都通过结合朴素贝叶斯和扩展 Hoeffding 树来处理数值属性和概念漂移。

Gama 等提出的 VFDTc[27] 通过朴素贝叶斯分类器在叶子上做预测，数值在树中的路径取决于是否小于、等于或大于树中的某个节点。

Gama 和 Medas 提出的极速决策森林（Ultra Fast Forest of Trees，UFFT）[28] 则对每一个可能的类分一棵二叉树，所以 k 分类问题将得到由 $k(k-1)/2$ 个分类器组成的二叉树森林。这些树的每个节点上都包含一个朴素贝叶斯分类器。

5.5.2 Hoeffding 自适应树算法

Hoeffding 自适应树（Hoeffding Adaptive Tree）[29] 使用自适应窗口算法作为变化检测器和误差估计器。基本过程如下。

（1）设置样本窗口大小 W，针对每 T_0 个样本，遍历整个决策树，并在每个节点上检查分裂属性是否依然是最佳的。如果存在更好的分裂属性，就开始在该节点生成备用树，并根据节点上的统计信息在当前最佳属性上进行分裂。

（2）在创建一个备用树后，之后的 T_1 个样本将用于构建备用树。

（3）T_1 个样本到达后,此后的 T_2 个样本用于测试备用树的精度。如果备用树比当前树更精确,则使用此备用树替换它。

一般,$W > T_0 > T_1 > T_2$,基本假设是最新的 W 个样本可能是相关的,样本分布的变化不会快于每 T_0 个样本,并且 T_2 个样本能够判定当前树和候选树中哪个是最佳的。

与 CVFDT 不同的是,Hoeffding 自适应树的性能有理论保证,也不需要手动配置与数据流特征相关的参数。

与 CVFDT 的主要区别在于：Hoeffding 自适应树一旦检测到变化就立即创建备用树,而不必等待变化后出现固定数量的样本再创建备用树。同时,一旦有证据表明备用树更精确就会用备用树替换旧树,而不是等待另一个固定数量的样本后再替换。因此,Hoeffding 自适应树能够更好地应对数据在时间维度上的变化。

5.6　小　　结

分类是应用最广泛的数据挖掘技术之一,流数据分类技术面临着到达速度快、内存需求大、概念漂移、准确性和效率的折中等挑战。决策树是一种常用分类器,其在流数据上的扩展——快速决策树支持增量式学习,但是难以有效应对概念漂移。概念自适应快速决策树通过生成备用子树,并适时使用备用子树代替原有子树的方式来应对概念漂移。

本章知识点

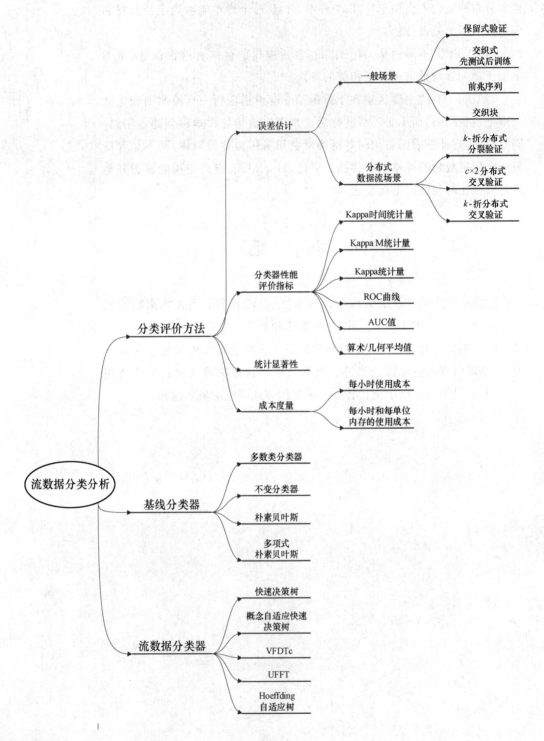

扩 展 阅 读

[1] Domingos P，Hulten G．Mining high-speed data streams．In：Proceedings of the ACM International Conference on Knowledge Discovery and Data Mining（KDD）．Boston，MA；2000：71-80．

[2] Carey M J，Ceri S．Data Stream Management：Processing High-Speed Data Streams．

[3] CHARU C AGGARWAL．Data Streams：Models and Algorithms．

[4] Andrade，Henrique CM，Bugra Gedik，et al．Fundamentals of stream processing：application design，systems，and analytics．

习 题 5

1. 利用安然公司邮件数据集（http：//www．enron-mail．com/），进行以下工作：

（1）手工标记若干邮件类别（如垃圾、广告、工作、通知、交流）；

（2）编写程序实现多项式朴素贝叶斯分类器，根据自定义的类别对邮件进行分类。

2. 利用 1999 年的"国际知识发现和数据挖掘竞赛"（KDD CUP 1999）提供的网络入侵检测数据集（https：//www．kdd．org/kdd-cup/view/kdd-cup-1999/Data），进行以下工作：

（1）编写程序实现朴素贝叶斯分类器；

（2）编写程序实现快速决策树分类器，以及概念自适应快速决策树分类器；

（3）使用 3-折分布式分裂验证，训练并测试（1）和（2）中实现的分类器；

（4）使用 3-折分布式交叉验证，重复（3）的过程；

（5）计算（1）和（2）中实现的分类器的 Kappa 统计量、Kappa M 统计量、Kappa 时间统计量；

（6）计算（1）和（2）中实现的分类器的 AUC 值。

第 6 章

流数据学习与时间序列分析技术

流数据
与
时间序列

　　流数据在很多应用场景中可以被归为一种时间序列数据,如电信运营商网络的网络性能监测数据、金融公司的股票/期货的价格数据、交通系统中各道路/路口的交通流量数据、云计算中心的各个主机的性能监测数据等。时间序列数据可用于描述现象随时间发展变化的特征,因此对时间序列数据的最基本的分析需求是挖掘数据随时间变化的规律,预测数据的变化趋势,进而评价目标系统的运行状况,防患于未然。

　　由于流数据的持续抵达,难以使用批处理的方式一次性学习出数据的特征。同时,由于存在概念漂移,因此针对流数据的特征挖掘、分类、时序预测等工作,需要使用持续学习的方式,随着流数据到达进行在线持续处理。通过在线学习,一方面只将持续到达的数据作为训练样本来更新模型,从而提高海量数据的学习效率,降低学习复杂度;另一方面,完成训练的数据集仅需要保存少量的样本,并利用新到达的数据对模型进行更新,从而保证在有限的存储条件下,模型能够适应流数据的最新特征。

6.1　时 间 序 列

6.1.1　时间序列的分类与特征

　　时间序列根据其表现出的数据变化趋势特征,可划分为平稳序列(Stationary Series)和非平稳序列(Non-stationary Series)。

1. 平稳序列

平稳序列是具有平稳性的时间序列。平稳性表明时间序列的均值和方差在不同时间上没有系统的变化,即观察值基本围绕固定值波动,虽然在不同时间段波动程度可能不同,但这种波动程度是随机的,并不存在某种规律。因此,平稳性代表了随着时间延伸,时间序列基本上不存在趋势性变化。

一些时间序列本身可能并不是平稳的,但是经过一定处理后将会变成平稳序列。

(1)差分平稳过程

差分是指序列中后继数据与前序数据之差。

一阶差分表示为:

$$\Delta y_t = y_t - y_{t-1}$$

二阶差分可以表示为:

$$\Delta^2 y_t = \Delta(\Delta y_t) = (y_t - y_{t-1}) - (y_{t-1} - y_{t-2})$$

如果一个时间序列经过差分之后,其取值是一个平稳序列,则该序列可以被称为一阶单整(Integrated of 1),记为 $I(1)$,这一处理过程被称为单整(Integrated of Order)。

如果一个时间序列经过 d 次差分之后才变为平稳序列,则该序列就被称为 d 阶单整(Integrated of d),记为 $I(d)$。因此,$I(0)$ 代表原始时间序列本身就是平稳序列。

一个时间序列经过差分的方法能够变成平稳序列,即 $\Delta y_t = y_t - y_{t-1} = \alpha + \mu_t$,其中 α 为常量,μ_t 为一分布为白噪声的随机变量,则这一时间序列可被称为差分平稳过程(Difference Stationary Process)。

(2)趋势平稳过程

如果一个时间序列,经过差分的方法所获得的取值仍然是一个时间的函数,即:

$$y_t = \alpha + \beta t + \rho y_{t-1} + \mu_t$$

其中,μ_t 为白噪声过程,t 为时间趋势,β 和 ρ 为系数。

如果 $\beta=0,\rho=1$,则上述函数变为 $y_t = \alpha + y_{t-1} + \mu_t$,即 $\Delta y_t = y_t - y_{t-1} = \alpha + \mu_t$,退化为差分平稳过程。

如果 $\beta \neq 0,\rho=0$,则上述函数变为 $y_t = \alpha + \beta t + \mu_t$,即成为一个带时间趋势的随机过程。根据系数 β 的正负,y_t 表现出明显的上升或下降趋势,这种趋势称为确定性趋势(Deterministic Trend)。此时,使用差分的方法并不能将时间序列变化为平稳过程,而只能采用去除时间趋势的方式:$y_t - \beta t = \alpha + \mu_t$,即减去时间相关的趋势项可以形成平稳过程。此时,这一时间序列被称为趋势平稳过程(Trend Stationary Process)。趋势平稳过程代表了一个时间序列长期稳定的变化过程。

2. 非平稳序列

非平稳序列则是不具有平稳性的时间序列。非平稳性意味着时间序列的均值和方差会随着时间推移而变化，可能存在某种变化规律，也可能不存在规律而仅仅是随机的变化。

非平稳序列的变化规律可进一步划分为四种。

(1) 趋势性(Trend)

趋势性反映的是时间序列在一个较长的时期内呈现出来的某种持续上升或持续下降的平稳的变化趋势，这种变化趋势可能是线性的，也可能是非线性的。

例如，应用系统负载持续上升并濒临崩溃，在崩溃之前，其内存占用可能存在持续上升的趋势性。

(2) 周期性(Cyclicity)

周期性反映的是时间序列围绕长期趋势的一种波浪形或振荡式波动。不同于趋势性，周期性的变化趋势不是单向的，而是涨落持续交替出现的。具有周期性波动的时间序列，其波峰波谷的变化周期并不一定是固定的，可能存在长短不一的情况。

例如，云系统的系统占用随着部署的应用数量、各个应用的负载状况，而存在云系统资源消耗变化的周期性，这一变化并不一定存在严格的时间周期，但其变化趋势在不停地变换方向从而呈现出一定的波动。

(3) 季节性(Seasonality)

季节性反映的是时间序列在一个固定时间范围内重复出现的周期性波动。季节性并不是一年四季，而是在固定的时间范围内，是一种具有固定时间的周期性。

例如，电信系统中的用户电话行为具有以一天为单位的季节性，存在明显的上午、下午、傍晚三个高峰，及中午、晚饭时间、午夜后三个低谷，且每一天的波动存在明显的相似性。

(4) 不规则性(Irregularity)

不规则性反映的是时间序列呈现出的某种随机波动，这种随机波动不属于趋势性、周期性、季节性的任何一种，反映的是系统被偶然因素影响导致的偶然性波动。

例如，云计算系统中，由于某个节点硬件故障导致系统监测数据的变化。

现实中的时间序列可能是包含这四种特征的任何一种或几种的复合型序列。时间序列的分析就是如何分离时间序列的这些特征，并表达出它们之间的关系，以进行分析。

6.1.2　时间序列的表示与拟合

平稳序列具有明确的均值方差特性,易于拟合。而非平稳序列如果只具有单一的特征,也较为容易表示。如时间序列的趋势性可用绝对数表示,时间序列的季节性、周期性和不规则性则用相对数表示。但现实中的时间序列一般都不是单一特征,而是多种特征的复合型序列,对这种时间序列的分析,就需要考虑四种特征的组合关系。

根据时间序列的四种特征即趋势性(T)、周期性(C)、季节性(S)、不规则性(I)的组合方式,时间序列可以表示为四种特征的加法模型(Additive Model)和乘法模型(Multiplicative Model)。

(1)加法模型

加法模型表示组成时间序列的四种特征是相互独立的,时间序列由具备四种特征的元素直接叠加而成。加法模型的表示方式:

$$x = T + S + C + I$$

(2)乘法模型

乘法模型表示组成时间序列的四种特征不是相互独立的,而是相互影响,时间序列需要综合四种特征的影响形成。乘法模型的表示方式:

$$x = T \times S \times C \times I$$

对时间序列的准确表示是时间序列分析的基础,但由于实际系统的复杂性,时间序列的特征更多呈现出的是乘法模型,这就导致难以抽取出时间序列中的不同特性,进而难以对时间序列进行准确的表示和拟合。

原继东等的论文[30]对时间序列的表示方式进行了总结,归纳起来可分为三类。

1. 非数据适应性表示方法

非数据适应性表示方法并不关心时间序列数据的具体取值,而是将时间序列看成"波形",希望从时间序列中抽取出非数据特征。

比较常见的非数据适应性表示方法是频谱分析。如采用离散傅里叶变换(Discrete Fourier Transform,DFT)将时间序列映射到频域,提取时间序列"波形"的频域特征,以表示时间序列。

另一种较为常用的非数据适应性表示方法是离散小波变换(Discrete Wavelet Transform,DWT),将时间序列分解为一系列小波波形和相对应的误差树,从而通过小波变换来降低时间序列的维度。与 DFT 的差别在于,DFT 只能表示时间序列中的频域信息,而 DWT 能同时表示时间序列中的时域和频域信息,因此比 DFT 方法的拟合效果更好,更高效。

这些方法都能较好地解决时间序列挖掘过程中存在的"特征抽取的完备性"和"维度灾难"问题。但是,不管是频谱分析还是小波变换,其最大的问题在于,其拟合的准确性依赖于时间序列的全集,且只能将处理结果用于进行聚类、分类等序列分析操作,并不能用来进行时间序列的预测。

2. 数据适应性表示方法

数据适应性表示方法考虑到非数据适应性表示方法只能针对完整时间序列进行转换分析的问题,用时间窗口将时间序列进行分割,并分别对每一段时间序列片段进行分析和表示,从而使得时间序列的分析能够适应时间序列的演变过程。

典型的数据适应性表示方法如分段聚合近似(Piecewise Aggregate Approximation,PAA)方法,其在处理时间序列的时候,用等宽度窗口分割时间序列,每个窗口内的时间序列用窗口的平均值来表示,从而获得时间序列的一种分段线性表示,如图 6-1 所示。

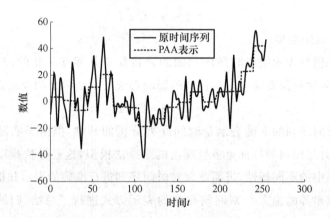

图 6-1 基于 PAA 的分段线性表示

考虑到时间序列中,越接近当前时间的元素,对当前元素的影响可能越大,在 PAA 的基础上,又提出逆向分段聚合近似(Reversed Piecewise Aggregate Approximation,RPAA)方法,其在 PAA 基础上引入影响因子 $\rho(0 \leqslant \rho \leqslant 1)$,根据 PAA 中各个区段的均值,从当前区段开始逆向回溯计算各个区段的影响因子,从而计算出每个窗口的均值和影响系数。但是由于流数据持续抵达及一次处理的特性,这种回溯计算的方式并不适合流计算环境。

除了类似 PAA 用均值的方式表示每一个区段,还可以用符号的方式表示,如符号聚集近似(Symbolic Aggregate approXimation,SAX)表示方法。与 PAA 不同,SAX 用一系列符号代表 PAA 的每一个区间的均值,从而将时间序列最终离散化为一系列字符串,如图 6-2 所示。SAX 的好处在于,可以将文本处理中的各种方法应用到时间序列分析过程中,从而一方面实现时间序列的降维,另一方面又提高时间序列分类、聚类等的表达能力。

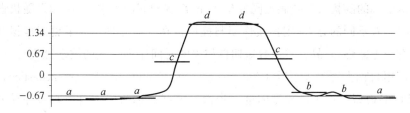

图 6-2　基于 SAX 的分段线性表示

3. 基于模型的表示方法

针对时间序列的表示与拟合方法有多种,最基本的方法是基于模型的表示方法,其假设时间序列是对某种模型的观察结果,并尝试抽取这一模型,以描述时间序列的特征。通常基于模型的表示方法具有较强的可解释性。

最基本的基于模型的方法可以通过统计模型(如均值、方差等)的特征抽取来表示整个时间序列。但由于时间序列的复杂性,这一方法仅适合特征较为简单的时间序列。

另一种方式是采用隐马尔科夫模型(Hidden Markov Model,HMM)来定义时间序列中变量之间的关系。而由于时间序列的高维度和复杂性,HMM 仅能获取有限的状态迁移。同时,HMM 有效的前提之一是输出的观察值之间严格独立,其二是状态的转移过程中当前状态只与前一状态有关。这就极大限制了 HMM 所能处理的时间序列的范围。

针对存在的这些问题,当前应用较为广泛的模型表示方法主要基于回归模型构建。即把时间序列中前期的元素取值作为自变量,把时间序列的观察值作为因变量,建立回归模型。根据时间序列的特征,可以使用线性拟合或非线性拟合。如果使用线性回归,就是基础的自回归(Auto Regressive,AR)模型。考虑到时间序列存在的随机扰动,可以建立一种以前期的随机扰动(ε)为自变量,以时间序列的观察值为因变量的线性回归模型,即移动平均(Moving Average,MA)模型。

综合 AR 模型和 MA 模型的因素,考虑建立一种观察值不但与前期时间序列的取值相关,也与前期随机扰动(ε)相关的线性回归模型,即自回归移动平均(Auto Regressive Moving Average,ARMA)模型。

考虑到一些非平稳序列在进行差分后会显示出平稳序列的性质(这个非平稳序列被称为差分平稳过程),可以使用差分整合移动平均自回归(Auto Regressive Integrated Moving Average,ARIMA)模型对差分平稳序列进行拟合。

AR、MA、ARMA、ARIMA 模型都可以归结为多元线性回归模型。

传统方法为了保证回归参数估计量具有良好的统计性质,一般假定回归函数中的随机误差项满足同方差性(即都有相同的方差)。而如果随机误差项具有不同的方差,则称线性回归模型存在异方差性。为了更好地拟合具有异方差性,且异方差函数短期自相关的时间序列变量的波动性变化,可以使用自回归条件异方差(Auto Regressive Conditional Heteroskedasticity,ARCH)模型。ARCH 模型的进一步衍生模型被称为广义自回归条件异方差(Generalized Auto Regressive Conditional Heteroskedasticity,GARCH)模型,可更好地反映时间序列中的长期记忆性、信息的非对称性等。

6.1.3 时间序列的预测

传统的时间序列预测方法主要目的是确定时间序列参数模型,并在此模型基础上求解模型参数,从而获得对时间序列的拟合,并根据拟合模型进行时间序列预测。随着机器学习和深度学习的成熟,现代时间序列的预测方法引入更多的混合模型。杨海民等的论文[31]对时间序列的预测方法进行了全面的综述。

1. 传统时间序列预测方法

传统的时间序列预测方法被称为"Box-Jenkins 方法",其总的过程主要包含 3 步:平稳性检验、模型识别、模型检验,如图 6-3 所示。

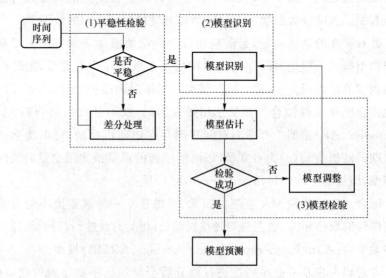

图 6-3 传统时间序列预测方法

（1）平稳性检验

平稳性检验部分用来检测收到的时间序列是平稳过程还是非平稳过程，如果是非平稳过程，是否可以转化为差分平稳过程或趋势平稳过程。

主要的检验方法是单位根检测（Augmented Dickey-Fuller，ADF），基本方法是进行差分，如果差分后成为平稳过程，那么这个时间序列就是单整过程，也是单位根过程。如果通过 d 阶单整（记为 $I(d)$）形成平稳过程，则可获得差分平稳过程的参数 d。

判断是否平稳过程可以使用混成检验（Ljung-Box test，LB 检验），LB 检验主要是对随机性的检验，或者说是对时间序列是否存在滞后相关的一种统计检验。

混成检验的基本公式是 Q 统计量，Q 统计量近似服从自由度为 m 的卡方分布，公式为：

$$Q = n \sum_{k=1}^{m} \hat{\rho}_k^2 \sim \chi^2(m)$$

其中，ρ_k^2 是样本 k 阶滞后的相关系数，n 为序列观测期数，m 为延迟期数。当 Q 统计量大于卡方分布的分位点，或者统计量的 p 值小于 a 时，可以以 $1-a$ 的置信水平认为该序列为非纯随机序列；否则认为序列为纯随机序列（白噪声序列）。

p-value 的含义

由于 Q 统计量在大样本场合检验效果好，在小样本场合精度不高，因此提出 LB 统计量。LB 统计量同样近似地服从自由度为 m 的卡方分布。

$$\text{LB} = n(n+2) \sum_{k=1}^{m} \left(\frac{\hat{\rho}_k^2}{n-k} \right) \sim \chi^2(m)$$

工程上一般取 a 为 0.05，如延迟 m 阶后，LB 统计量显著大于 0.05，则认为延迟 m 阶后的残差序列是平稳的（白噪声序列）。

（2）模型识别

识别后的时间序列，可进一步通过偏自相关函数（Partial Auto-Correlation Function，PACF）和自相关函数（Auto-Correlation Function，ACF）来识别时间序列的模型是 AR 模型、MA 模型还是 ARMA 模型。

对于一个时间序列 X_{t-k}，$\cdots$，X_{t-2}，X_{t-1}，X_t，PACF 可以消除中间介入变量的影响，并确定 X_{t-k} 和 X_t 的 k 阶滞后偏自相关系数 Φ_{kk}。ACF 可以确定自相关系数 r_k。Φ_{kk} 和 r_k 参数的计算公式如下：

$$\Phi_{kk} = \text{corr}(X_t, X_{t-k} \mid X_{t-1}, X_{t-2}, \cdots, X_{t-k+1}), k = 1, 2, \cdots$$

$$r_k = \frac{\sum_{t=k+1}^{n} (X_t - \overline{X})(X_{t-k} - \overline{X})}{\sum_{t=1}^{n} (X_t - \overline{X})^2}, k = 1, 2, \cdots$$

根据检测的结果,可以通过 ACF 或 PACF 出现的拖尾(以指数形式单调/振荡衰减,或不规则的缓慢衰减到零)或截尾(衰减得很突然,从某个时间点后直接阶跃到接近零)特征进行如下判断。

- 如果 ACF 出现拖尾,PACF 出现 p 阶截尾(p 阶后阶跃到零),则该模型为 AR(p) 模型,是 d 阶差分平稳过程的话,可以使用 ARIMA(p, d, 0)模型。
- 如果 ACF 出现 q 阶截尾(q 阶后阶跃到零),PACF 出现拖尾,则该模型为 MA(q) 模型,是 d 阶差分平稳过程的话,可以使用 ARIMA(0, d, q)模型。
- 如果 ACF 和 PACF 都为拖尾,则该模型为 ARMA(p, q)模型,是 d 阶差分平稳过程的话,可以使用 ARIMA(p, d, q)模型。

在具体计算阶数的时候,可以考虑使用最小化信息量准则或贝叶斯信息准则函数。

- 最小化信息量准则(Akaike Information Criterion,AIC)是以熵为基础构建的,可用于评价统计模型拟合优良性和模型复杂度的评估标准,计算公式如下:

$$AIC = 2k - 2\ln(L)$$

其中,k 为模型参数的个数,L 为模型的极大似然函数。一般情况下,复杂度高的模型拟合程度更好,复杂度高,似然函数增大。

- 贝叶斯信息准则(Bayesian Information Criterion,BIC)是针对 AIC 准则中参数个数过多的时候可能存在的复杂度过高,可能过拟合的问题,引入模型参数个数相关的惩罚项,避免样本维数高训练样本少可能导致的维度灾难。计算公式如下:

$$BIC = k\ln(n) - 2\ln(L)$$

其中,k 为模型参数的个数,L 为模型的极大似然函数,n 为样本数量。

(3)模型检验

确定了模型后,可以根据观察到的样本值,假设噪声的分布,构建关于模型参数的概率密度,并使用最大似然估计(Maximum Likelihood Estimation,MLE)等方式来求解时间序列模型参数值。

如果概率模型的最大似然估计函数含有隐变量,传统最大似然函数难以求解时,可以通过 EM 算法(Expectation Maximization Algorithm)求解。

如果时间序列是一个线性时不变系统产生的,则也可以使用状态空间方程抽象,通过卡尔曼滤波(Kalman Filtering)来进行求解。卡尔曼滤波是一种最优化自回归数据处理算法,其假设误差是独立的,与测量数据无关。其通过系统的"观测值"和上一时刻的"预测值",及引入的"测量误差"和"预测误差",通过计算和融合预测与观测的结果分布,利用两者的不确定性来获得更准确的估计。

传统的时间序列预测方法需要预先估计模型的类型及参数,模型参数的选择将直接影响时间序列预测结果的准确率。

2. 基于机器学习的时间序列预测方法

随着机器学习技术的逐渐成熟,一些新型的机器学习方法也被应用到时间序列的预测过程中,主要包括基于支持向量机(Support Vector Machine,SVM)的时间序列预测方法、基于贝叶斯网络(Bayesian Network,BN)的时间序列预测方法、基于矩阵分解(Matrix Factorization,MF)的时间序列预测方法、基于高斯过程(Gauss Process,GP)的时间序列预测方法、基于深度学习的时间序列预测方法,及基于混合模型的时间序列预测方法等。

SVM 算法在解决分类问题时,对小样本、高维度、非线性问题有较好的适应性。在进行时间序列回归和预测领域中,可以采用最小二乘支持向量机(Least Squares Support Vector Machine,LSSVM)来寻找时间序列模型的参数,也可以直接使用 SVM 对时间序列取值的分布进行预测,从而获得预测值。

长短期记忆网络(Long-Short Term Memory,LSTM)是一种典型的时间序列回归与预测的深度学习模型。LSTM 是一种时间循环神经网络(Recurrent Neural Network,RNN),其设计目的是为了解决 RNN 存在的长期依赖问题。为了最小化训练误差,LSTM 主要采用梯度下降法(Gradient Descent,GD)进行寻优,以支持深度学习过程中的反向传播。

由于传统机器学习方法进行时间序列的回归和预测一般采用的是批处理方式,不适合流数据环境,因此更详细的基于机器学习的时间序列预测方法本书不再赘述。

3. 基于参数模型的在线时间序列预测方法

考虑到流数据的持续抵达、一次处理等特点,在线进行时间序列的模型拟合与预测将面临时间序列模型会随着新数据的到来而持续更新的问题。

2013 年 Anava 等[32]提出一种基于 ARMA 的在线时间序列预测算法,其本质主要是通过在线算法对 AR 模型参数进行求解,并随新时间序列数据的到来更新模型参数的过程,这样就把传统的时间序列模型和在线学习有效结合起来。2016 年 Chenghao Liu 等[33]进一步提出基于

ARIMA 的在线时间序列预测算法，使得在线时间序列预测可以从 ARMA 所假设的平稳过程，扩展到 d 阶差分平稳过程，从而能够更有效地处理具有趋势性或异方差性的非固定时间序列预测。在线 ARMA/ARIMA 模型中，可以利用牛顿法（Newton Step, NS）来求解 $AR(p+m)$ 的权重系数 γ_t，或使用在线的梯度下降来求解。

6.2　在线学习模型

学习模型的基础方法是回归模型。回归（Regression）是一种用于估计一个或多个自变量（如元组的属性）与因变量（其值必须预测）之间关系的技术。回归与分类问题类似，都可用于预测（Forecast）。但是，分类是用来预测数据所归属的类别，通常由离散和有限集组成。回归则用于预测数据的取值（一般是连续的）。回归包括线性回归、非线性回归和逻辑回归。

逻辑回归起源于二分类问题。针对二分类，1957 年 Rosenblatt 提出了感知机（Perceptron）模型，并最终成为神经网络和支持向量机的基础。感知机模型使用均方损失函数（错误点到分离平面的距离）进行训练，但损失函数可能是非凸的，可能陷入局部最优。将均方损失函数改为最大似然函数，使得损失函数形成高阶连续可导的凸函数，就可以通过一些凸优化算法求解，比如梯度下降法、牛顿法等。这就形成了逻辑回归模型，并最终构成了基于神经网络的在线学习模型。

针对学习的方法，可以分为线性学习方法和非线性学习方法。

（1）线性学习方法：针对线性可分问题的学习方法。线性回归是最基本的线性学习方法。

（2）非线性学习方法：当数据样本线性不可分的时候，就需要采用非线性回归，如局部加权线性回归（Locally Weight Linear Regression, LWLR），也叫核回归（Kernel Regression）。LWLR 一般是在损失函数计算过程中增加窗函数，且这个窗函数一般选择高斯核函数（因此被称为核回归），从而能够在样本点比较"分散"或呈"非线性分布"的时候，能够以较大概率选择更准确的预估，从而实现更好的拟合。另一种典型的非线性学习方法是岭回归和 LASSO 回归，这两种方法分别使用 L2 范数和 L1 范数，来解决参数之间的共线性或过拟合问题。

针对学习过程，可分为基于模型的学习和基于实例的学习。

（1）基于模型的学习：基于模型的学习将首先构建数据的模型，然后使用该模型进行数据的预测。传统针对时间序列的处理方法,如 AR、MA、ARMA、ARIMA 算法主要使用基于模型的学习方法。

(2) 基于实例的学习:基于实例的学习不预设模型结构,而是通过训练完全记住样本数据的特征,并通过相似度度量方式将其泛化到新的数据上。如直接使用线性回归算法,或传统的分类树 CART 算法及扩展的 FIMT、AMRules 算法等。

回归模型主要分为两类:参数模型和非参数模型。

参数回归模型使用具有有限个(未知)参数的回归函数表示自变量和因变量之间的关系。这些参数是在回归分析的学习步骤中计算出来的。相反,非参数回归模型对表示独立变量和因变量之间关系的函数不做假设。因此,非参数回归分析的学习步骤包括估计回归函数及其参数。

1. 参数回归

参数回归主要包括简单线性回归法以及线性和非线性最小二乘回归法等。

线性回归方法假定自变量和因变量之间存在线性关系,它的学习步骤包括一个数据拟合过程,通过最小化预测 $\hat{y}$ 与其对应的真值 y 之间的距离来估计描述此关系的线性函数的权重 w_i。线性回归的表达式如下:

$$\hat{y} = h_w(X) = w^{\mathrm{T}} \cdot X$$
$$\hat{y} = w_0 + w_1 x_1 + w_2 x_2 + \cdots + w_n x_n$$

其中,$\hat{y}$ 是预测值;h_w 是假设函数,其以 w 为模型参数;w_i 是第 i 个模型参数(包括偏置项 w_0,及 n 个特征权重);X 是实例的特征向量;n 是特征的数量;x_i 是第 i 个特征值。

通常,可以使用损失函数来量化预测和真实值之间的距离。常见的损失函数包括平方损失、铰链损失、绝对损失和不敏感损失等。

平方损失的计算公式如下:

$$\sum_{i=1}^{m} (y^{(i)} - \hat{y}^{(i)})^2$$

其中,m 是特征的维度。

平方损失函数可以认为是真实值与预测值在高维空间中的欧氏距离平方(在各个维度的投影的几何距离的平方和),如图 6-4 所示。

当参数回归分析使用离线数据学习,并对在线流数据分析时,可通过对离线数据进行训练来确定最优权重向量 w,然后使用固定权重向量来为在线流数据进行打分。

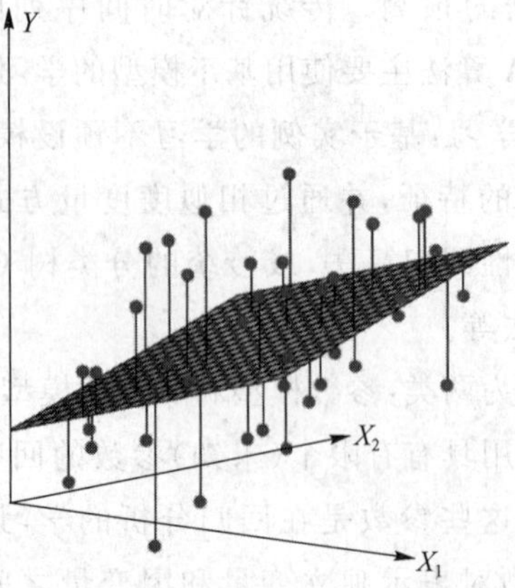

图 6-4　线性回归的损失函数示意图

当参数回归分析无法使用离线数据进行学习的时候,权重向量必须根据流数据的真值增量估计。随着流数据的变化,权重向量需要更新,新的权重向量通过将新的真值与先前的向量迭代所捕获的信息相结合来计算。

2. 非参数回归

非参数回归主要包括核回归、非参数乘法回归(NPMR)以及回归树等。

核回归用于估计随机变量的条件期望值,找出自变量和因变量之间的非线性关系。它的学习阶段采用一个称为核函数的加权函数来指导数据拟合。

NPMR 可以对自变量之间的非线性相互作用进行建模,它使用局部模型和内核函数,其学习步骤包括优化数据拟合过程,而无须参考特定的全局模型。局部模型用于描述函数的模型,这个函数是用于拟合目标点附近的自变量的,而内核函数描述了对于一个特定的局部模型的权重。

回归树用来学习自变量和因变量之间的线性和非线性关系。对于每个自变量,数据在多个点上被分割,创建一个决策树。在每个分割点,计算预测值和实际值之间的误差,并在自变量之间进行比较。选择预测误差最小的自变量和分裂点组合作为实际分裂点,这是一个递归重复的过程。如果自变量和因变量之间的关系被认为是线性的,则可以使用标准分类树算法,如 CART;如果关系被认为是非线性的,则使用 C4.5 等算法。

非参数回归基于全数据驱动,适应能力强,精度高,对于非线性问题有非常好的效果,但是缺点是不能进行外推(预测未来取值),对样本数量要求较高,且对高维数据存在"维度灾难"问题,如图 6-5 所示,特征的数量增加不一定会增加分类的性能,反而有可能降低分类性能。

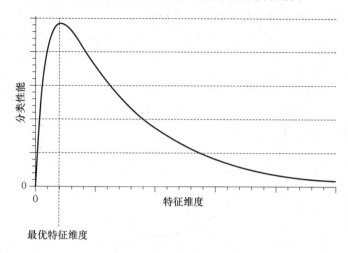

图 6-5   维度灾难示意图

若增加新的特征,使得数据的维度变高,则数据在高维空间中的分布相对稀疏,可以更容易地找到超平面进行分割。如果维度太高,但训练样本数量不足,就可能导致训练数据的噪声等对某些维度产生影响,反而导致了过拟合,降低分类效果。为了避免维度灾难,就必须呈指数型地增加训练数据数量。

目前也有一些方法能够尽可能避免维度灾难,如 LASSO 回归,就通过惩罚方法对样本数据进行特征选择,将不显著的特征权重压缩到 0,从而将不显著的特征舍弃,避免维度灾难。

6.3   流数据学习评价

6.3.1   误差

由于回归过程通常被用于预测和分类,因此回归评价方法也可以使用大部分分类评价方法。回归分析中的误差通常考虑以下方法。

1. 均方误差(Mean Squared Error,MSE)

均方误差是最常见的测量方法,使用真实值和预测值之间差的平方平均值。

$$MSE = \frac{1}{N} \sum_{i=1}^{N} (y_i - \hat{y}_i)^2$$

均方误差也被称为 L2 损失(Quadratic Loss/L2 Loss),均方误差的预测值与损失值之间的关系如图 6-6 所示。

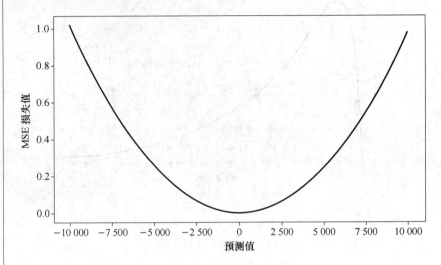

图 6-6　均方误差函数示意图

可以明显看到这是一个凸函数,可以使用凸优化相关的算法进行寻优。同时,均方误差的梯度是变化的,越接近最优点梯度越小,这样可以根据梯度的变化调整学习率,从而收敛到精确的最优解。

2. 均方根误差(Root Mean Squared Error,RMSE)

均方根误差是真实值与预测值偏差的平方和与观测次数 N 比值的平方根,能够很好地反映出测量的精密度。

$$\text{RMSE} = \sqrt{\frac{1}{N}\sum_{i=1}^{N}(y_i - \hat{y}_i)^2}$$

均方根误差与标准差(STandard Deviation,STD)的形式相同,差别在于标准差是观测值与其平均数偏差的平方和的平方根,即方差的算术平方根。

$$\sigma = \sqrt{\frac{1}{N}\sum_{i=1}^{N}(y_i - \mu)^2}$$

标准差用来衡量一组数据自身的离散程度,而均方根误差则用来衡量观测值与真值之间的偏差。

3. 相对均方误差(Relative Squared Error,RSE)

相对均方误差描述目标和真实回归线之间的平均偏移量,用来估计残差的标准差。

$$\text{RSE} = \frac{\sum_{i=1}^{N}(y_i - \hat{y}_i)^2}{\sum_{i=1}^{N}(y_i - \text{avg}(y))^2}。$$

4. 相对均方根误差（Root Relative Squared Error，RRSE）

$$\text{RRSE} = \sqrt{\frac{\sum_{i=1}^{N}(y_i - \hat{y}_i)^2}{\sum_{i=1}^{N}(y_i - \text{avg}(y))^2}}$$

5. 平均绝对误差（Mean Absolute Error，MAE）

平均绝对误差度量与 MSE 类似，但考虑的是差异的绝对值。

$$\text{MAE} = \frac{1}{N}\sum_{i=1}^{N} |y_i - \hat{y}_i|$$

平均绝对误差又被称为 L1 损失（L1 Loss），其预测值与损失值函数的关系如图 6-7 所示。

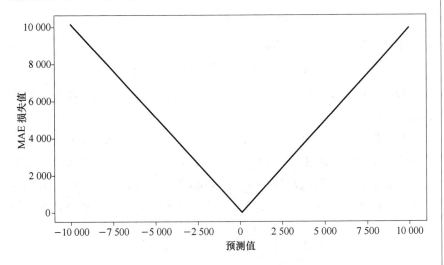

图 6-7　平均绝对误差函数示意图

平均绝对误差是预测值与真值之差的绝对值之和，其衡量的是误差绝对值且不考虑误差的方向。如果考虑方向，则是残差或误差之和，被称为平均偏差（Mean Bias Error，MBE）。

相比于均方误差，绝对误差 MAE 对离群点更加稳健。

6. 平均绝对百分比误差（Mean Absolute Percent Error，MAPE）

$$\text{MAPE} = \frac{1}{N}\sum_{i=1}^{N} \frac{|y_i - \hat{y}_i|}{y_i} \times 100\%$$

7. 平均相对误差（Relative Absolute Error，RAE）

其类似于相对平方误差，但考虑了绝对值的差异。

$$\text{RAE} = \frac{\sum_{i=1}^{N} |y_i - \hat{y}_i|}{\sum_{i=1}^{N} |y_i - \text{avg}(y)|}$$

6.3.2 Regret 界

在线学习通常采用 Regret 界[34]来分析最优化目标。Regret 界用来定义随着时间推移的累积成本与最佳决策所产生的成本之间的差。

对于一个算法 A 和一个凸优化问题$(F, \{c^1, c^2, \cdots\})$，如果$\{x^1, x^2, \cdots\}$是算法 A 选择的矢量，则算法 A 到时间 T 的损失计算公式为：

$$C_A(T) = \sum_{t=1}^{T} c^t(x^t)$$

相应的最优解 $x \in F$ 的损失计算公式为：

$$C_x(T) = \sum_{t=1}^{T} c^t(x)$$

定义算法 A 到时刻 T 时的 Regret 即为：

$$R_A(T) = C_A(T) - \min_{x \in F} C_x(T)$$

最优化过程即分析 Regret 界，如果达到了 Regret 界，则认为符合最优。

在时间序列分析过程中，如果在时刻 t，每个节点 i 从决策集 κ_i 中选择一个状态 $x_{i,t}$ 作为局部估计，决策集 κ_i 是 $\mathbf{R}^n$ 的一个封闭有界子集。由于数据是持续抵达的，因此数据抵达后才能观测到损失函数 $f_{i,t}(x_{i,t})$，其中约束集 κ 为凸集，$f_i: \kappa_i \to \mathbf{R}$ 是凸函数，此时可定义 Regret 的计算公式为：

$$R_T(x_i, x) = \sum_{j=1}^{n} \sum_{t=1}^{T} f_{j,t}(x_{i,t}) - \sum_{j=1}^{n} \sum_{t=1}^{T} f_{j,t}(x)$$

在线最优化的目标就是缩小 Regret 界。

6.4　模型学习算法

6.4.1　ARIMA 算法

差分自回归移动平均（ARIMA）模型是一种典型的基于线性回归的时间序列预测分析方法。不过需要注意的是，ARIMA 算法并不能进行模式的发现或预测。

ARIMA 模型的基础是自回归模型、移动平均模型、自回归移动平均模型。进一步扩展的模型包括季节性差分自回归移动平均（Seasonal ARIMA，SARIMA）模型，可以发现时间序列中的季节性；差分自回归分数移动平均（Auto Regressive Fractionally Integrated Moving Average，ARFIMA）模型，用于支持非整数的差分参数和长记忆过程（Long-Memory Processes）时间序列。长记忆过程是一种自相关函数衰减较为缓慢的平稳过程，传统 ARMA 模型都只是针对短记忆过程（Short-Memory Processes），对长记忆过程的时间序列，可以通过短期记忆的分块积分来实现。

1. 自回归模型

自回归模型通过时间序列中数据元素之间的相关性（自相关）来建立回归方程，描述当前的观察值与历史值之间的关系，并对未来取值进行预测。自回归模型必须满足平稳性要求，其模型公式定义如下：

$$y_t = \mu + \sum_{i=1}^{p} \gamma_i y_{t-i} + \varepsilon_t$$

其中，y_t 是当前值；μ 是常数项；p 是阶数，表示是用几期的历史数据来预测当前值；γ_i 是自相关系数；ε_t 是误差，对于平稳过程，该取值应该为白噪声。

对于一个 p 阶自回归过程，可以表示为 AR(p)。

2. 移动平均模型

移动平均模型通过对自回归模型中的误差项进行加权累加，以消除预测过程中随机误差对预测结果的影响。其公式定义如下：

$$y_t = \mu + \varepsilon_t + \sum_{i=1}^{q} \theta_i \varepsilon_{t-i}$$

其中，y_t 是当前值；μ 是常数项；ε_t 是误差，对于平稳过程，该取值应该为白噪声；ε_{t-i} 是当前时间点之前第 i 期误差；θ_i 是权值；q 是阶数，表示是用几期的历史数据来预测当前值。

对于一个 q 阶移动平均过程，可以表示为 MA(q)。

3. 自回归移动平均模型

自回归移动平均模型是自回归模型和移动平均模型的结合。即通过自回归模型预测当前值的同时，通过移动平均模型消除误差，记为 ARMA(p, q)，计算公式如下：

$$y_t = \mu + \sum_{i=1}^{p} \gamma_i y_{t-i} + \varepsilon_t + \sum_{i=1}^{q} \theta_i \varepsilon_{t-i}$$

4. 差分自回归移动平均模型

差分自回归移动平均模型是在 ARMA 基础上，整合了差分平稳过程所需的 d 阶差分过程，记为 ARIMA(p, d, q)。可以认为，AR(p)、MA(q)、ARMA(p, q)都是 ARIMA(p, d, q)的特例。

ARIMA 与 ARMA 的差别在于会先通过单位根检测（ADF）看时间序

列的平稳性。如果时间序列是平稳的,则阶数 $d=0$;如果时间序列是非平稳的,则做差分处理,将时间序列转换为平稳过程。阶数 d 等于差分处理的次数。

针对 d 阶差分后获得的平稳序列,再根据 ARMA 的处理过程,分别求得其自相关系数 ACF 和偏自相关系数 PACF,通过对自相关图和偏自相关图的分析,得到最佳的阶数 p 和阶数 q,然后开始对得到的模型进行模型检验。

6.4.2 在线 ARIMA 算法

1. 在线自回归移动平均模型

基于 AR、MA、ARMA、ARIMA 算法都可以认为是基于批处理的线性多参数回归算法,其处理方式是针对给定的时间序列数据集,进行模型的选择、拟合与评价。而在线进行时间序列处理的时候,必然面临时间序列数据的持续抵达,且旧的数据只能根据时间窗口大小缓存,无法长期维持的问题。

针对在线时间序列数据预测,可以采用滑动窗口机制,使用窗口内数据进行 ARMA 计算,在窗口滑动过程中,根据新到达的实际值与 ARMA 估值进行损失函数计算,并对模型参数动态调整,实现基于流数据对 ARMA 模型动态更新。

设基于一个 $\text{ARMA}(p, q)$ 的相关系数 (γ, θ),在 t 时刻的时间序列预测值为 $\tilde{X}_t$,实际值为 X_t,定义损失函数为 $l_t(X_t, \tilde{X}_t)$,我们的目标是在一个预定义的迭代次数 T 内(可以认为是滑动窗口大小),最小化损失:

$$f_t(\gamma, \theta) = l_t(X_t, \tilde{X}_t(\gamma, \theta)) = l_t\left(X_t, \left(\sum_{i=1}^{p} \gamma_i X_{t-i} + \sum_{i=1}^{q} \theta_i \varepsilon_{t-i}\right)\right)$$

由于在线系统无法预知预测的结果与实际结果的误差,只有在确定了系数,新的数据到达之后才能获得,因此对这些参数的选择需要采用在线优化的规则。在线 ARMA 算法采用 Regret 界来描述这一优化。

Regret 界用来定义随着时间推移的累积成本与最佳决策所产生的成本之间的差。

$$R_T = \sum_{t=1}^{T} l_t(X_t, \tilde{X}_t) - \min_{\gamma, \theta} \sum_{t=1}^{T} l_t(X_t, \tilde{X}_t(\gamma, \theta))$$

即希望损失函数累积值,与最优决策的损失函数累积值的差最小。

由于无法预测干扰,因此在实现过程中,使用 t 时刻的 γ 取值来代替全序列的权重系数,从而得到:

$$l_t^m(\gamma^t) = l_t(X_t, \tilde{X}_t(\gamma^t)) = l_t\left(X_t, \left(\sum_{i=1}^{m+k} \gamma_i X_{t-i}\right)\right)$$

此时，相当于一个 $m+k$ 阶的 AR 模型，其中，k 可视为原 AR 模型的阶数，m 可视为原 MA 模型的阶数，也即为滑动窗口的大小（即用滑动窗口的大小来使用 MA 模型消除随机误差）。

其后，使用在线牛顿法求解最优的权重系数选择，从而获得 ARMA 模型参数结构。

算法过程如图 6-8 所示。

输入：k ARMA 序列原 AR 模型的阶数

       q ARMA 序列原 MA 模型的阶数

       η 学习率

       $E[\|\varepsilon_t\|] < M_{max} < \infty$

       T   迭代次数

       l_t 利普希茨常量 $L>0$ 的连续函数

       初始 $(m+k) \times (m+k)$ 阶矩阵 A_0

1   设 $m = q \cdot \log_{1-\varepsilon}((\mathrm{TLM}_{max})^{-1})$

2   选取任意 $\gamma' \in K$

3   **for** $t = 1$ to $(T-1)$ **do**

4   预测值 $\widetilde{X}_t(\gamma^t) = \sum\limits_{i=1}^{m+k} \gamma_i^t X_{t-i}$

5   观测 X_t 和损失值 $l_t^m(\gamma^t)$

6   令 $\nabla_t = \nabla l_t^m(\gamma^t)$，更新 A_t 值为 $A_{t-1} + \nabla_t \nabla_t^\mathsf{T}$

7   设 γ^{t+1} 值为 $\prod_K^{A_t}\left(\gamma^t - \frac{1}{\eta}A_t^{-1}\nabla_t\right)$

图 6-8   ARMA-ONS算法的伪代码

其中，K 的取值为 $\kappa = \{\gamma \in \mathbf{R}^{m+k}, |\gamma_j| \leqslant 1, j = 1, \cdots, m\}$

如果损失函数是一个外凹损失函数，也可以考虑使用梯度下降方法来寻找最优系数，这个方法在计算上更简单，但是与牛顿法相比，其性能稍差。

算法过程如图 6-9 所示。

输入：k ARMA 序列原 AR 模型的阶数

       q   ARMA 序列原 MA 模型的阶数

       η 学习率

1   设 $m = q \cdot \log_{1-\varepsilon}((\mathrm{TLM}_{max})^{-1})$

2   选取任意 $\gamma' \in K$

3   **for** $t = 1$ to $(T-1)$ **do**

4   预测值 $\widetilde{X}_t(\gamma^t) = \sum\limits_{i=1}^{m+k} \gamma_i^t X_{t-i}$

5   观测 X_t 和损失值 $l_t^m(\gamma_t)$

6   令 $\nabla_t = \nabla l_t^m(\gamma^t)$

7   设 γ^{t+1} 值为 $\prod_K\left(\gamma^t - \frac{1}{\eta}\nabla_t\right)$

图 6-9   ARMA-OGD算法的伪代码

其中，$\prod_K$ 是 K 上的欧几里得投影，如：

$$\Pi_K(y) = \arg\min_{x \in K} \| y - x \|_2$$

2. 在线差分自回归移动平均模型

ARIMA 是 ARMA 的扩展，在线 ARIMA 也从在线 ARMA 进行扩展。由于 ARIMA 比 ARMA 多了 d 阶差分过程，在在线 ARIMA 的损失函数计算过程中，则增加对差分的处理。

对于 ARIMA(p, d, q)，其预测值可以表示为：

$$f_t(\gamma, \theta) = l_t(X_t, \widetilde{X}_t(\gamma, \theta))$$

$$= l_t\left(X_t, \left(\nabla^d \widetilde{X}_t + \sum_{i=0}^{d-1} \nabla^i X_{t-1}\right)\right)$$

$$= l_t\left(X_t, \left(\sum_{i=1}^{p} \gamma_i \nabla^d X_{t-i} + \sum_{i=1}^{q} \theta_i \varepsilon_{t-i} + \sum_{i=0}^{d-1} \nabla^i X_{t-1}\right)\right)$$

同样用 ARIMA($k+m$, d, 0) 来代替 ARIMA(p, d, q)，得到：

$$\widetilde{X}_t(\gamma^t) = \sum_{i=1}^{k+m} \gamma_i \nabla^d X_{t-i} + \sum_{i=0}^{d-1} \nabla^i X_{t-1}$$

则损失函数可以定义为：

$$l_t^m(\gamma^t) = l_t(X_t, \widetilde{X}_t(\gamma^t)) = l_t\left(X_t, \left(\sum_{i=1}^{k+m} \gamma_i \nabla^d X_{t-i} + \sum_{i=0}^{d-1} \nabla^i X_{t-1}\right)\right)$$

使用在线牛顿法求解最优的权重系数，算法如图 6-10 所示。

输入： k ARMA 序列原 AR 模型的阶数
       m ARMA 序列原 MA 模型的阶数
       d 差分处理次数
       η 学习率
       初始 $(m+k) \times (m+k)$ 阶矩阵 A_0

1   设 $m = \log_{\lambda_{max}}((\text{TLM}_{max} q)^{-1})$
2   **for** $t = 1$ to $T-1$ **do**
3   预测值 $\widetilde{X}_t(\gamma^t) = \sum_{i=1}^{m+k} \gamma_i \nabla^d X_{t-i} + \sum_{i=0}^{d-1} \nabla^i X_{t-1}$;
4   观测 X_t 和损失值 $l_t^m(\gamma^t)$;
5   令 $\nabla_t = \nabla l_t^m(\gamma^t)$，更新 A_t 值为 $A_{t-1} + \nabla_t \nabla_t^\mathsf{T}$;
6   设 γ^{t+1} 值为 $\prod_K^{A_t}\left(\gamma^t - \frac{1}{\eta} A_t^{-1} \nabla_t\right)$;

图 6-10   ARIMA-ONS 算法的伪代码

使用梯度下降方法来寻找最优系数，算法如图 6-11 所示。

输入： k ARMA 序列原 AR 模型的阶数
       q ARMA 序列原 MA 模型的阶数
       d 差分处理次数
       η 学习率

1   设 $m = \log_{\lambda_{max}}(\text{TLM}_{max} q^{-1})$
2   **for** $t = 1$ to $T-1$ **do**
3   预测值 $\widetilde{X}_t(\gamma^t) = \sum_{i=1}^{m+k} \gamma_i \nabla^d X_{t-i} + \sum_{i=0}^{d-1} \nabla^i X_{t-1}$;
4   观测 X_t 和损失值 $l_t^m(\gamma^t)$;
5   令 $\nabla_t = \nabla l_t^m(\gamma^t)$;
6   设 γ^{t+1} 值为 $\prod_K\left(\gamma^t - \frac{1}{\eta} \nabla_t\right)$;

图 6-11   ARIMA-OGD 算法的伪代码

6.5　实例学习算法

6.5.1　岭回归与 LASSO 回归

线性回归包括最简单的单变量线性回归（Single Variable Linear Regression）和多变量线性回归（Multi Variable Linear Regression），适合处理线性可分数据。

在处理线性回归的过程中，可能遇到共线性（Collinearity）问题。共线性问题即两个变量之间存在某种函数关系，当自变量 x_1 改变的时候，自变量 x_2 也会随之改变，这样就可能导致无法通过固定其他条件来判断单个变量对输出的影响，导致对 x_1 的分析总会混杂 x_2 的影响，从而引入分析误差。为了排除共线性的影响，可以使用岭回归（Ridge Regression），通过为变量增加一个平方偏差因子（正则项）来避免。

线性回归
及其优化

1. LP 范数

范数包括向量范数和矩阵范数，向量范数表征向量空间中向量的大小，矩阵范数表征矩阵引起变化的大小。LP 范数的定义如下：

$$LP = \sqrt[p]{\sum_{i=1}^{n} x_i^p}$$
$$\boldsymbol{x} = (x_1, x_2, \cdots, x_n)$$

（1）L0 范数

当 LP 范数取 $P=0$ 时，一般用于表示向量 $\boldsymbol{x}$ 中非零元素的个数，公式为：

$$\|\boldsymbol{x}\|_0 = \#(i \,|\, x_i \neq 0)$$

L0 范数没有良好的形式化表示，一般认为是 NP 难问题，针对 L0 范数的最优化一般需要转化为 L1 或 L2 范数来求。

（2）L1 范数

当 LP 范数取 $P=1$ 时，表示向量 $\boldsymbol{x}$ 中每个元素绝对值的和，也被称为 L1 正则化，公式为：

$$\|\boldsymbol{x}\|_1 = \sum_{i=1}^{n} |x_i|$$

L1 正则化是一个绝对值函数，其下降速度是一致的，如图 6-12 所示。

L1 正则化最终会导致模型保留了重要的大权重连接，不重要的小权重都被衰减为 0，产生了稀疏。

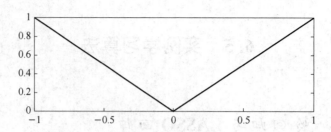

图 6-12　L1 正则化函数示意图

（3）L2 范数

当 LP 范数取 $P=2$ 时，表示向量 x 中每个元素的平方和再开平方，也被称为 L2 正则化，公式为：

$$\|x\|_2 = \sqrt{\sum_{i=1}^{n} x_i^2}$$

L2 正则化是一个二次函数，如图 6-13 所示。

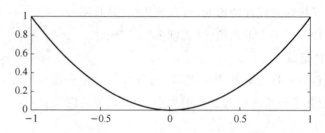

图 6-13　L2 正则化函数示意图

L2 正则化可以通过限制权重大小让模型变得简单，但却不会导致稀疏。

2. 正则化

设给定数据集

$$D = \{(x_i, y_i)\}, i = 1, \cdots, m$$

其中，

$$x_i = (x_{i1}, x_{i2}, \cdots, x_{id}), y_i \in \mathbf{R}$$

如使用 MSE 损失函数，公式为：

$$J(w) = \frac{1}{m} \sum_{i=1}^{m} (y_i - w^{\mathrm{T}} x_i)^2$$

当样本的特征多，但样本数量相对较少时，使用 MSE 损失函数可能导致模型陷入过拟合（参考维度灾难的解释）。为了缓解过拟合问题，可以筛选特征，使得特征的维数降低，避免过拟合。人工筛选特征可行性不大，因此提出正则化方式来降低特征维数。基本思路就是减小特征权重的数量级,进一步压制权重较低的特征的权重。

正则化方法是在损失函数(经验风险)基础上加一个正则化项,目的是选择结构风险(损失函数＋正则化项)最小化的模型。正则化方法的公式为:

$$\min_{f \in F} \Big[\frac{1}{m} \sum_{i=1}^{m} L(y_i - f(x_i)) + \lambda J(f) \Big]$$

其中,f 为预测模型;$J(f)$ 为正则化方法;λ 为一个大于 0 的系数,用于平衡损失函数和正则化项的取值。

由此可见,正则化项一般是针对预测模型的一个函数,损失函数负责最小化误差,正则项负责减小模型风险。正则化的期望是模型越复杂,正则化项的值越大,从而使得模型复杂程度受到限制,以防止过拟合。

3. 岭回归

岭回归是在基础回归模型的基础上增加了 L2 正则化。

$$\begin{aligned} J(w) &= \frac{1}{m} \sum_{i=1}^{m} (y_i - w^{\mathrm{T}} x_i)^2 + \lambda \|w\|_2^2 \\ &= \frac{1}{m} \sum_{i=1}^{m} (y_i - w^{\mathrm{T}} x_i)^2 + \lambda \sum_{i=1}^{m} w_i^2 \end{aligned}$$

由于 L2 正则化函数是连续可导的,因此岭回归可以使用最小二乘法、梯度下降法、牛顿法、拟牛顿法等寻求最优化。

在使用最小二乘估计法进行回归分析的时候,岭回归是一种可用于解决数据分析过程中的共线性问题的有偏估计回归方法。共线性问题即两个变量之间存在某种函数关系,当自变量 x_1 改变的时候,自变量 x_2 也会随之改变,这样就可能导致无法通过固定其他条件来判断单个变量对输出的影响,导致对 x_1 的分析总会混杂 x_2 的影响。对外的表现是,样本中多个维度存在相关性,导致回归的误差计算矩阵是病态[①]的,当作为标签的样本存在噪声时,会导致解 w 出现剧烈波动,从而引入分析误差。岭回归引入 L2 正则化作为惩罚项,这样参数的方差不会过大,且随着惩罚项系数 λ 的增大,共线性的影响将越来越小。

岭回归增加的惩罚项放弃了最小二乘法的无偏性,但损失一定精度的代价将能够对条件数很大(病态矩阵)的拟合强于最小二乘法。

4. LASSO 回归(LASSO Regression)

LASSO(Least Absolute Shrinkage and Selection Operator)回归与岭

---

　　① 病态与矩阵的条件数(Condition Number)相关。对于矩阵 A,条件数是线性方程组 $Ax = b$ 的解对 b 中的误差或不确定度的敏感性的度量。当条件数 $k(A)$ 较小时,初始条件的较小变化不会导致解的较大变化,此时的矩阵 A 是良态矩阵;当条件数 $k(A)$ 较大时,初始条件的较小变化会导致解的较大变化,此时的矩阵 A 就是病态矩阵。如果一个算法对噪声很敏感,则这个算法的稳健性不佳。如果一个算法过拟合了,则这个算法对噪声会很敏感,这个算法一定是病态的,权值矩阵的条件数会较高。

回归类似,差别是 LASSO 使用 L1 正则化。

$$J(\boldsymbol{w}) = \frac{1}{m}\sum_{i=1}^{m}(y_i - \boldsymbol{w}^{\mathrm{T}}x_i)^2 + \lambda \|\boldsymbol{w}\|_1$$

$$= \frac{1}{m}\sum_{i=1}^{m}(y_i - \boldsymbol{w}^{\mathrm{T}}x_i)^2 + \lambda \sum_{i=1}^{m}|w_i|$$

由于 L1 正则化函数不是连续可导的,因此 LASSO 回归不能使用传统的梯度下降法等进行求解。LASSO 回归可以采用近端梯度下降(Proximal Gradient Descent,PGD)法,PGD 使用临近算子作为近似梯度,从而可以使用梯度下降求解目标函数不可微的最优化问题。

LASSO 回归与岭回归的核心差异是 L1 正则与 L2 之间的差异。L1 正则曲线的下降速度是一致的,对于小权重惩罚项影响较大,对大权重惩罚项影响较小,因此最终模型权重主要集中在重要度较高的特征上。这也是 LASSO 回归号称的能够进行特征选择,应对特征高维度的原因。

5. 弹性网络回归(Elastic Net Regression)

弹性网络回归是岭回归和 LASSO 回归的混合,它同时使用 L1 和 L2 正则化,以期望同时达到抵御共线性,应对高维度的效果。

$$J(\boldsymbol{w}) = \frac{1}{m}\sum_{i=1}^{m}(y_i - \boldsymbol{w}^{\mathrm{T}}x_i)^2 + \lambda_1 \|\boldsymbol{w}\|_1 + \lambda_2 \|\boldsymbol{w}\|_2^2$$

6.5.2　FIMT 算法

分类与回归树(Classification And Regression Tree,CART)是一种决策树,可用于创建分类树(Classification Tree)、回归树(Regression Tree)或模型树(Model Tree)。

CART 作为分类树时,使用 Gini 指数判断节点分裂,即选择 GiniGain 最小的节点分裂,并持续迭代,直至子数据集都属于同一类别。分类树在进行训练的时候,其输入的标签一般是离散类型。

CART 作为回归树时,使用最小绝对偏差(LAD)或者最小二乘偏差(LSD)作为特征节点分裂的选择依据,这样就把数据集切分成了多份数据,并用线性回归建模描述。回归树的特征属性一般是连续型。

CART 作为模型树时,则进一步使用线性回归的结果作为特征节点分裂的选择依据。选择过程中,计算真实值与模型预测值间的差值,取误差的平方和最小作为依据进行分裂选择。

$$\hat{y}_i = \sum_{k=1}^{K} f_k(x_i)$$

函数 f_k 是预期分裂的树,x 为输入样本,预测值是 $f_k(x)$ 的输出和。最终的目的是选择一个函数 f_k,使得损失函数最小。损失函数定义如下:

$$\text{Obj} = \sum_{i=1}^{n} l(y_i, \hat{y}_i) + \sum_{k=1}^{K} \Omega(f_k)$$

其中，$l(y_i, \hat{y}_i)$ 是训练集中样本真实值和估计值的平方损失函数（用于回归，分类一般取 logistic 损失函数）；$\Omega(f_k)$ 一般是个正则项，包含叶子节点个数等，用于控制模型复杂度。

CART 虽然能够进行模型树的构建，但是其主要针对固定的数据集，无法应对流数据，也无法处理流数据中的概念漂移。针对这一问题，一种快速增量模型树（Fast Incremental Model Trees，FIMT）[35] 被提出来，用于支持流数据环境中的回归树/模型树构建。后又被进一步演进为支持概念漂移的 FIMT-DD(Fast Incremental Model Trees with Drift Detection)[36]。

FIMT-DD 算法的处理过程如图 6-14 所示。

输入：　概率 δ 和 $N_{\min}$
输出：　模型树
1　从空的叶子节点（根）开始
2　对流中的每一个实例
3　　读取下一个实例
4　　用该实例遍历整棵树直到叶子节点
5　　更新该路径的改变检测测试结果
6　　if　检测到更改
7　　　　调整模型树
8　　else
9　　　　更新叶子节点的统计信息
10　　　对每个叶子节点中的 $N_{\min}$ 个实例
11　　　　找到每个属性的最佳拆分点
12　　　　使用相同的评估度量对属性进行排序
13　　　　if　满足分裂标准
14　　　　　　对最佳属性进行拆分
15　　　　　　生成两个新的指向（空）叶子节点的分支

图 6-14　FIMT-DD 算法的伪代码

在 FIMT-DD 算法中，提出一种标准差降低度量（Standard Deviation Reduction，SDR）方法，用以应对增量场景。

观察到的数据集为 S，大小为 N，设一个属性 A 的二元分割函数 h_A 将把数据集 S 分割为两个子集：S_L 和 S_R，大小分别为 N_L 和 N_R，即

$$S = S_L \bigcup S_R; N = N_L + N_R$$

此时，h_A 的 SDR 被定义为：

$$\text{SDR}(h_A) = \text{sd}(S) - \frac{NL}{N}\text{sd}(S_L) - \frac{NR}{N}\text{sd}(S_R)$$

$$\text{sd}(S) = \sqrt{\frac{1}{N}\left(\sum_{i=1}^{N}(y_i - \overline{y})^2\right)} = \sqrt{\frac{1}{N}\left(\sum_{i=1}^{N}y_i^2 - \frac{1}{N}\left(\sum_{i=1}^{N}y_i\right)^2\right)}$$

如果 h_A 为最佳分割取值（属性 A），h_B 为次佳分割（属性 B），则次佳 SDR 和最佳 SDR 的比率是一个实值随机变量 r：

$$r = SDR(h_B)/SDR(h_A)$$

由此，我们可以获得一个随机变量组$(r_1, r_2, \cdots, r_N)$。此时根据 Hoeffding 边界理论，可能的边界将以 $1-\delta$ 的概率保证实际均值与观察均值之差的绝对值小于 ε。因此，可以确定 r 的上下界为：

$$\bar{r}^+ = \bar{r} + \varepsilon, \bar{r}^- = \bar{r} - \varepsilon, \bar{r}^- \leqslant r_{true} \leqslant \bar{r}^+$$

因此，我们可以确定 h_A 将以 $1-\delta$ 概率被确定为最佳。

在完成模型树分割之后，就可以使用随机梯度下降法来训练获得各个叶子节点中的线性回归模型。

6.5.3 AMRules 算法

自适应模型规则（Adaptive Model Rules，AMRules）[37]是一种在流数据中学习回归规则的算法。

AMRules 中规则的形式为 A→M。规则的输入是一组属性的条件组合；规则的输出是一个函数，这个函数可能是一个常量，也可能是目标属性的均值，或一个目标属性的线性规划。

AMRules 的目标是寻找能够最小化目标属性计算值的均方误差的函数，即找到一组最优的规划模型的规则。

在 AMRules 中，规则模型由一组常规规则和一个默认规则（没有特征的规则）组成。在判断是否进行分裂的时候，与 FIMT 类似，采用 Hoeffding 界来定义置信区间。如果规则的所有潜在特征中的 2 个最大 SDR 度量的比率在该间隔内，则具有最大 SDR 的特征将被用于扩展规则。如果默认规则被扩展了，它就变成了正常规则，并被添加到模型的规则集中。同时，初始化一个新的默认规则替换已经扩展的规则。AMRules 可以随着流数据的发展，动态添加和删除规则。

在 Apache 可扩展的高级大规模在线分析（Scalable Advanced Massive Online Analysis，SAMOA）项目中，AMRules 就被用于在线分析模型规则的可用性，并用于动态调整模型规则，如图 6-15 所示。

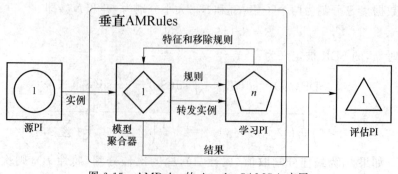

图 6-15　AMRules 的 Apache SAMOA 应用

AMRules 的基本算法如图 6-16 所示。PHTest 为 Page-Hinckley 检测,以用来监测每条规则的在线误差。

```
输入: S       实例流
     ordered-set    布尔标志
     N_min    最小实例数
     λ       阈值
     α       变化范围
输出: RS 决策规则集

1   使 RS ← {}
2   使 defaultRule  L ← 0
3   foreach 实例(x,y_k) ∈ S do
4       foreach 规则 r ∈ RS do
5           if r 涵盖该实例 then
6               更新改变检测测试结果
7               计算误差=x_t - x̄_t - α
8               调用 PHTest(error,λ)
9               if 检测到更改 then
10                  移除规则
11              else
12                  if L_r 中实例的数量> N_min  then
13                      r ← ExpandRule(r)
14                      更新 r 的统计数据
15          if ordered-set then
16              终止程序
17      if RS 为空 then
18          if L 中的实例数对 N_min 取模结果为 0 then
19              RS ← RS ∪ ExpandRule(defaultRule)
20          更新 defaultRule 的统计量
```

图 6-16　AMRules 算法的伪代码

6.6　最优化算法

6.6.1　SGD 算法

在线性回归过程中,需要最小化损失函数,以获得最优的权重组合。梯度下降法就是一种最常用的优化算法。

1. 梯度下降

梯度下降法的目的是找到一个函数 $f(x)$ 的最小值,方法是每一次沿着当前位置的导数方向走一小步,逐步迭代,以期望获得最终结果。其数学表达式如下:

$$x_{t+1} = x_t - \eta_t \nabla f(x_t)$$

其中,x_t 是当前位置,$\nabla f(x_t)$ 是当前位置的导数,η_t 是步长。

梯度下降法最大的问题是容易陷入局部最优,如图 6-17 所示。$f(x)$

最优化在学习算法中的作用

从最左侧开始计算梯度，并随着 t 的推移收敛到局部最小点。

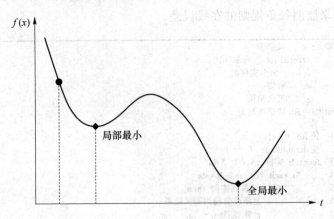

图 6-17　全局最优与局部最优

虽然提升步长有可能跨过局部最小点，但也有可能跨过全局最小点。因此，一个基本的改进是使用全量数据进行梯度的计算，从而避免陷入局部最优。这一方法被称为批量梯度下降（Batch Gradient Descent，BGD）。但批量梯度下降遇到的最大问题是需要对全量数据进行计算，这明显不适合流数据处理场景。同时，全量数据的计算会导致数据计算量太大。

2. 在线梯度下降

在线梯度下降（Online Gradient Descent，OGD）是梯度下降法的改进。

如图 6-18 所示，在离线环境中，能够通过多次遍历获得全部数据条件下的目标函数梯度，从而可以选择最优的方向；而在在线环境中，一次只能获得一个或几个数据，用来计算目标函数的梯度，这跟最优的梯度会存在一定偏差，但只要方向是正确的，经过多次迭代后还是能够获得最优取值。

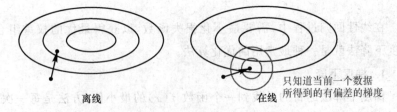

图 6-18　离线梯度下降与在线梯度下降

OGD 在时刻 t 先对 x_t 做一次梯度下降，如果得到的 x_{t+1} 不在 $\mathcal{H}$ 中，则使用 $\Pi_{\mathcal{H}}(\cdot)$ 将其映射到 $\mathcal{H}$ 中。公式为：

$$x_{t+1} = \Pi_{\mathcal{H}}(x_t - \eta_t \nabla f(x_t))$$

其中，$\Pi_{\mathscr{H}}(\cdot)$ 为投影因子，如定义为 $\Pi_{\mathscr{H}}(x)=\arg\min\limits_{y\in\mathscr{H}}|x-y|$。

3. 随机梯度下降

随机梯度下降（Stochastic Gradient Descent，SGD）是梯度下降法的改进，其指导思想与 OGD 类似，目的是不遍历全部的数据，而是随机选择一小批数据，并将该位置导数的数学期望作为寻优的方向。其数学表达式为：

$$x_{t+1}=x_t-\eta_t g_t$$

其中，g_t 满足 $E[g_t]=\nabla f(x_t)$。

设一个线性回归问题，其中的回归模型通过 Q 组数据元素来学习。在学习过程中，可以设置损失函数 $\Phi(w)$ 为预测值和真值之间的平方误差。

$$\Phi(w)=\sum_{i=0}^{Q-1}(v(t_i)-w^{\mathrm{T}}\times x(t_i))^2$$

其中，w 为权重向量，$v(t)$ 为真值，$w^{\mathrm{T}}\times x(t)$ 为预测值。

则基于 SGD 的权重向量学习公式为：

$$w_{(k)}=w_{(k-1)}-\eta\cdot\nabla\Phi_k\big|_{w=w_{(k-1)}}$$

其中，η 为步长（学习率），$\nabla\Phi_k\big|_{w=w_{(k-1)}}$ 为上一步计算的损失函数的导数。直观地说，在每次迭代中，权重向量将沿损失函数的梯度方向移动，这样随着时间的推移，可以得到预期拟合函数的最小值。

学习算法如图 6-19 所示。

```
// N, 每个元组中属性的数量
// η₀, 学习率（步长）

1    w ← (1/N)·1_{N×1}              //初始化权重
2    i ← 0                          //元组计数器
3    η ← η₀                         //初始化学习率
4    while 流未结束 do
5        读取 x(t) 和它的值 v(t)       //读取下一个元组
6        y(t) ← wᵀ × x(t)           //计算预测值
7        u ← -2·(v(t) - y(t))·x(t)  //计算更新向量
8        w ← w - η × u              //更新权重
9        i ← i+1                    //更新元组计数器
10       η ← η₀/√i                  //降低学习率
```

图 6-19 SGD 学习算法的伪代码

由于 SGD 更新比较频繁，为了避免收敛问题，可以随着时间的推移降低步长 η，以确保越接近最小值的时候，步长越小，降低越过最小值的概率。

如 η_0 是初始学习率，如果 i 是当前的数据元素的计数，学习率可以设置为 $\eta_0/\sqrt{i}$，随着时间的推移，η 将逐渐接近零，权重将停止演化。

由于学习率可以被调整，SGD可以根据流数据的特征持续修正其收敛到的最优点，因此SGD可以被认为是一种支持在线学习/增量学习的算法，适合流数据应用场景。

6.6.2 FTRL 算法

FTL(Follow The Leader)算法与随机梯度下降算法类似，差别是SGD将该位置导数的数学期望作为寻优的方向，FTL是将之前所有损失函数之和最小的参数作为寻优方向。

对于损失函数 f_t，FTL算法的公式定义为：

$$w = \arg\min_w \sum_{i=1}^{t} f_i(w)$$

FTRL(Follow The Regularized Leader)算法是在FTL的优化目标的基础上，加入了正则化，以防止过拟合：

$$w = \arg\min_w \sum_{i=1}^{t} f_i(w) + R(w)$$

其中，$R(w)$ 是正则化项。

由于损失函数不易于计算，一般需要找一个代理函数 h_t，令

$$w_t = \arg\min_w h_{t-1}(w)$$

如果 $f_t(w)$ 为凸函数，一般可以将 h_t 定义为：

$$h_t = \sum_{i=1}^{t} g_i \cdot w + \sum_{i=1}^{t} \left(\frac{1}{2\eta_t} - \frac{1}{2\eta_{t-1}} \right) \| w - w_t \|^2$$

其中，g_i 是 $f_i(w_i)$ 的梯度（如 f 不可导，则是次梯度），同时，η_t 满足：

$$\eta_t = \frac{\alpha}{\beta + \sqrt{\sum_{i=1}^{t} g_i^2}}$$

其中，α、β 是超参，可以通过超参数自适应学习。

这样的代理函数 h_t 能够满足 Regret 界计算的要求：

$$\text{Regret}_t = \sum_{t=1}^{T} f_t(w_t) - \sum_{t=1}^{T} f_t(w^*)$$

$$\lim_{t \to \infty} \frac{\text{Regret}_t}{t} = 0$$

对于FTRL，可以将代理函数 h_t 增加一个正则项，如增加 L1 正则，则公式为：

$$h_t = \sum_{i=1}^{t} g_i \cdot w + \sum_{i=1}^{t} \left(\frac{1}{2\eta_t} - \frac{1}{2\eta_{t-1}} \right) \| w - w_t \|^2 + \lambda_1 \| w \|_1$$

从上面的公式可以得到 w 的解析解：

$$w_{t+1,i} = \begin{cases} 0 & |z_{t,i}| < \lambda_1 \\ -\eta_t (z_{t,i} - \mathrm{sgn}(z_{t,i})\lambda_1) & \text{其他} \end{cases}$$

其中,

$$z_{t,i} = \sum_{s=1}^{t} g_{s,i} + \sum_{s=1}^{t} \left(\frac{1}{\eta_{t,i}} - \frac{1}{\eta_{t-1,i}} \right) w_{t,i}$$

可以得到 FTRL 的更新流程如图 6-20 所示。

```
输入: 参数 α, β, λ₁, λ₂, 学习率 η

1    (∀i ∈ {1,···,d}), 初始化 zᵢ = 0, nᵢ = 0
2    for t = 1 to T do
3        获取特征向量 xₜ, 并令 I = {i | xᵢ ≠ 0}
4        For i ∈ I 计算
5        ωₜ,ᵢ = { 0                                      |zᵢ| ≤ λ₁
                { -(β+√nᵢ/α + λ₂)⁻¹(zᵢ - sgn(zᵢ)λ₁)     其他
6        使用上述公式计算得到的 ωₜ,ᵢ 预测 pₜ = σ(xₜ · w)
7        观察标签 yₜ ∈ {0,1}
8        for 所有 i ∈ I do
9            gᵢ = (pₜ - yₜ)xᵢ              //梯度损失 w.r.t. ωᵢ
10           σᵢ = 1/α(√(nᵢ + gᵢ²) - √nᵢ)   //等于 1/ηₜ,ᵢ - 1/ηₜ₋₁,ᵢ
11           zᵢ ← zᵢ + gᵢ - σᵢωₜ,ᵢ
12           nᵢ ← nᵢ + gᵢ²
```

图 6-20 FTRL 学习算法的伪代码

算法中,β 和 λ_2 可取值为 0。

6.7 小 结

时间序列是最典型的流数据应用场景,本章从时间序列数据的特点,表示方法与分析、预测方法展开,并进一步扩展到流数据的在线学习模型。

流数据的持续抵达性导致流数据的学习过程必须是增量式的,函数或者模型能够对新到达的数据进行迭代更新,然而传统的学习模型并不适用于流数据环境。本章选择了流数据学习过程中的模型学习方法、实例学习方法进行了阐述。

流数据在线学习模型中最重要的是回归模型。回归分析是多个变量之间相互依赖的定量关系的一种统计分析技术,其本质是使用一个函数或者模型对输入的样本元素进行误差最小化拟合,并基于实际值与预测值之间的不同误差标准度量回归算法的有效性。因此,本章针对不同的应用场景,重点选择了 ARIMA 算法、岭回归与 LASSO 回归算法进行了阐述,并重点说明了学习模型的评价方法和相关最优化算法。

本章知识点

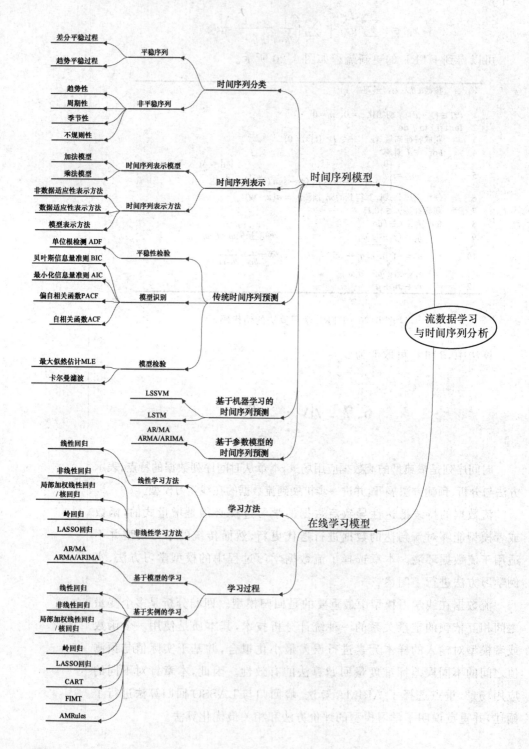

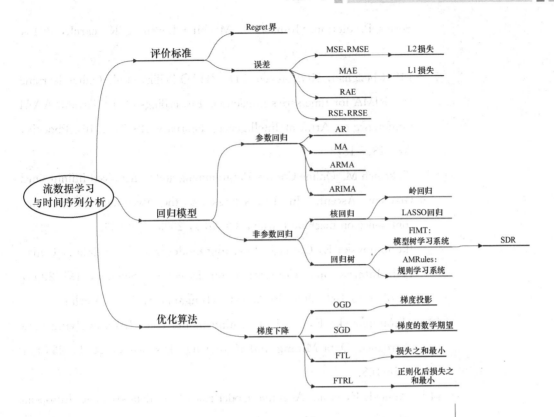

扩展阅读

[1] 原继东，王志海. 时间序列的表示与分类算法综述. 计算机科学，2015，42(3):1-7. DOI:10.11896/j.issn.1002-137X.2015.3.001.

[2] 杨海民，潘志松，白玮. 时间序列预测方法综述. 计算机科学，2019，46(1):21-28. DOI:10.11896/j.issn.1002-137X.2019.01.004.

[3] 谈超，关佶红，周水庚. 增量与演化流形学习综述. 智能系统学报，2012，7(5):377-388. DOI:10.3969/j.issn.1673-4785.201204028.

[4] 李志杰，李元香，王峰，等. 面向大数据分析的在线学习算法综述. 计算机研究与发展，2015，52(8):1707-1721.

[5] 潘志松，唐斯琪，邱俊洋，等. 在线学习算法综述. 数据采集与处理，2016，31(6):1067-1082. DOI:10.16337/j.1004-9037.2016.06.001.

[6] Anava O，Hazan E，Mannor S，et al. Online Learning for Time

Series Prediction. Journal of Machine Learning Research，2013，
30：172-184.

[7] LIU Chenghao，HOI Steven C H，ZHAO Peilin，et al. Online learning of ARIMA for time series prediction. Proceedings of the Tirtieth AAAI Conference on Artifcial Intelligence：February 12-17，2016，Phoenix，AZ. 1867-1873.

[8] Zinkevich M. Online Convex Programming and Generalized Infinitesimal Gradient Ascent. In Proceedings of the twentieth international conference on machine learning (ICML)，2003，928-936.

[9] Ikonomovska E，Gama J. Learning model trees from data streams. 11th International Conference on Discovery Science，DS 2008，October 13-16，2008，Budapest，Hungary，Springer Verlag.

[10] Ikonomovska E，et al. Learning model trees from evolving data streams. Data Mining and Knowledge Discovery，2011，23（1）：128-168.

[11] Almeida E，et al. Adaptive model rules from data streams. European Conference on Machine Learning and Principles and Practice of Knowledge Discovery in Databases，ECML PKDD 2013，September 23-27，2013，Prague，Czech republic，Springer Verlag.

[12] Brendan McMahan H，Gary Holt，Sculley D，et al. Ad Click Prediction：a View from the Trenches. KDD'13，August 11-14，2013，Chicago，Illinois，USA.

习　题　6

1. 什么是回归？回归模型如何分类？各类别有何区别？各类的代表算法有哪些？

2. 流数据的回归度量标准有哪些？

3. Regret 界有何目的与意义？

4. 典型的流数据回归算法有哪些？请简要进行对比分析。

5. 基于模型的学习和基于实例的学习有何差异？分别适合什么场景？

6. 记录主机 CPU、内存等资源占用趋势，并使用 ARIMA 模型预测。

7. SGD 线性回归算法的过程是什么？在每轮迭代中,如何设置学习率?

8. 在 FIMT 算法中,为什么要提出 SDR?

9. 在 AMRules 算法过程中,Rule 选择的方法是什么?

10. FTRL 使用正则化的目的和意义是什么?

流数据处理模型与框架

流数据是一种实时到达的具有规模大、基数高、统计特征复杂变化特性的数据流。同时, 流数据可能大规模实时持续抵达, 且可能是无穷无尽的。

考虑到流数据的这些特点, 业务用户将希望能够以非常低的延迟处理数据, 做到低延迟和高吞吐, 确保能够基于事件发生的时间来保证按照正确的顺序跟踪与处理事件, 并使得输出结果与输入事件顺序一致。同时, 业务用户还将希望可以处理中断, 即系统在中断之后能够重新启动, 并继续处理和产出准确结果。在具备容错性的同时, 不产生太大的开销。

由于流处理与批处理在处理模式上的差异, 流处理的处理模型与处理框架亦与传统大数据的批处理模型与框架有所不同。本章将重点阐述流数据模型的特殊性, 并介绍业界最新的流数据处理框架。

7.1 流数据处理计算模型

流数据可以被抽象为一个无穷尽的数据序列, 由于每个数据具有时间特征, 因此流数据可以被抽象为一个数据的时间序列。

流数据分析模型即是对这种有时效性要求的时间序列的数据分析模型, 如获取模式或进行频繁项统计、聚类、分类及趋势预测等。同时, 当数据的统计特征发生变化的时候, 我们的分析模型需要能够自动适应这种变化。

流数据处理即是考虑到数据流大规模实时持续到达的特性, 考虑到数据基数大的特点, 针对流数据的分析可能需要我们接受近似的解决方案, 通过滑动窗口等处理方式, 以便使用更少的时间和内存。

流计算可以认为是流数据处理的计算过程,流计算模型即是流数据处理的计算模型。

孙大为等在文献[38]中对流计算模型进行了全面的总结,其指出,流计算模型可以被抽象为有向无环图(Directed Acyclic Graph,DAG),如图 7-1 所示,图中的圆形表示数据的计算节点,箭头表示数据的流动方向。

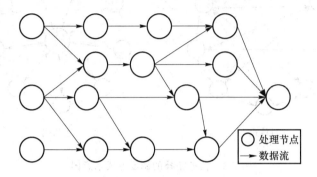

图 7-1　有向无环图示意图

如 Storm 引擎定义的任务拓扑结构,如图 7-2 所示。

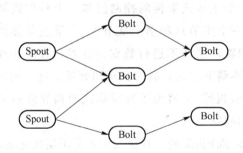

图 7-2　Storm 任务拓扑示意图

对于这一任务拓扑的调度可采用两种方式进行,分别为对称式和主从式,如图 7-3 所示。

(1)对称式系统架构

系统中各个节点的功能是相同的,不存在中心节点,各个任务之间通过分布式协议实现资源调度、系统容错、负载均衡。S4 是典型的采用对称式架构的流处理引擎,其主要通过 Zookeeper 实现系统容错、负载均衡等功能。虽然对称式具有良好的可伸缩性,但系统管理复杂,系统资源难以掌控和协调。

(2)主从式系统架构

系统存在一个主节点和多个从节点,主节点负责系统资源的管理和任务的协调,从节点负责根据主节点的调度完成计算任务,并反馈结果。

这一模型的主节点能够收集完整的系统信息,在进行系统容错、负载均衡等工作的过程中更准确,效率更高。但由于各个从节点间完全依赖主节点的数据分派,从节点之间没有数据交换,这就导致容易产生数据瓶颈。

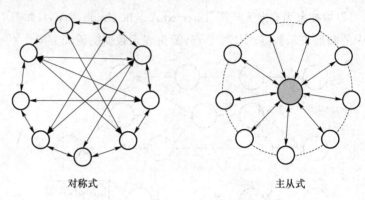

对称式   主从式

图 7-3   任务拓扑的调度方式示意图

（3）层次化系统架构

针对对称式和主从式存在的问题,目前新的流计算框架一般采用层次化架构,包括一个主从式架构的控制层和一个对称式架构的数据处理层。控制层存在一个主节点和多个从节点,主节点负责系统资源的管理和任务的协调,但控制层并不进行数据的分发。数据处理层中的各个任务节点在控制层协调下完成数据的交换和处理。这一模式既避免了传统主从式架构的数据瓶颈,又避免了纯对称式架构导致的系统状态监测困难、调度效率低的问题。

Storm、Spark 和 Flink 的工作模式主要采用层次化架构。

在任务之间进行数据交互时候,可采用两种数据传递方式:主动推送（Push）和被动拉取（Pull）。

（1）主动推送

上游节点产生或完成任务计算后,主动将数据结果发送到下游节点。其优势在于,如果下游节点出错,则上游节点可以进行下游节点的重选,从而保证数据处理的可靠性和及时性。但缺点是主动推送方式并不能准确考虑下游节点的处理能力,如果下游节点无法及时处理,则会导致下游节点过载。

（2）被动拉取

下游节点完成任务计算并产生新的数据需求后,主动向上游节点请求数据。其优势在于,下游节点可以根据自身的负载状况、任务计算需求,适时地请求数据,从而保证系统均衡。但缺点是,被动拉取可能导致上游节点的计算结果未能被及时处理,导致流计算失去实时性。

被动拉取在传统大数据批处理过程中应用较为广泛,可以较为充分地利用计算资源。而考虑到流计算的实时性要求,一般会充分估计资源消耗,保证下游节点的处理和响应能力,从而可以利用主动推送方式保证实时性。

7.2 流计算的状态与一致性

前继章节阐述流式处理模型的时候,将流数据的处理划分为时间无关型、窗口型、近似型三大类。时间无关型包括过滤型、内联型,两者对数据本身的顺序、抵达时间偏差等都不敏感,只需在接收到数据的时候按照规则进行筛选即可。而窗口型、近似型,则需要考虑界标模型(Landmark),即如何定义窗口的分割条件,以避免窗口划分问题,导致基于窗口的流数据分析方法出现偏差。

同时,前继章节探讨了流式处理与批处理的最大区别是,流式处理一般会创建一个概要数据结构,通过概要数据结构来抽取流数据的关键特征,供应用快速查询等使用。概要数据结构在构建过程中,需要较为严格的明确概要数据结构所处理的窗口范围,及在何种条件下进行概要数据结构的更新。虽然概要数据结构是流数据特征的近似解,但如果出现了数据的缺失、顺序的混乱等问题,可能导致概要数据结构所抽取的特征远远偏离流数据的原始特征,导致概要数据结构的失效。

这些流数据处理的需求,都会对流计算产生一定的要求。

7.2.1 流计算的状态

考虑到流数据处理过程中的窗口分割、概要结构创建与更新的需求,流数据处理过程可分为无状态和有状态两种。

(1)无状态

无状态模式主要针对时间无关性类流数据的处理,不关心数据的顺序、抵达时间偏差等,仅仅根据数据本身的特征进行处理,并反馈处理结果。

例如,根据流数据中的特定阈值进行数据筛选(根据来源 IP 地址数据分类,根据数据取值进行告警等),根据数据中的相似性或相关性进行数据关联(根据用户号码将用户呼叫记录与用户属性、基站属性等进行关联)等。

在无状态模式下,数据的处理是短暂的、一次性的,无须考虑数据的先后顺序、抵达时间和内在特征等,也无须对数据的处理过程、处理结果进行记录。也正因为如此,无状态模式仅能处理简单的规则,无法进行复杂的分析。

(2) 有状态

有状态模式主要针对需要窗口型、近似型处理的流数据,其需要考虑数据的顺序、抵达时间偏差等对数据分析模型产生的影响,需要记录并持续更新多种与数据特征相关的参数,并产生处理结果。

绝大部分需要创建概要数据结构的流数据处理过程都是有状态的,例如,根据抽样、小波、草图、直方图等概要结构建立流数据筛选以进行后继分析处理,根据草图概要结构存储流数据的计数、频度、基数等关键指标特征等。

在有状态模式下,数据的处理是持续的、有相关性的,需要考虑数据的先后顺序、抵达时间和内在特征等,需要对数据的处理结果进行迭代更新,因此有状态模式能够处理更加复杂的需求。

7.2.2 流计算的一致性

流数据作为一种特殊的大数据,同样具备数据量巨大的特点,单一计算节点难以满足数据处理要求。而流数据的持续抵达特性,导致针对流数据的处理比传统大数据处理还多了实时性要求。

面对大规模实时到达的数据,单机无法满足数据处理的吞吐量、实时性要求,需要使用分布式系统来支撑流数据处理。而引入分布式系统,必然会面对一致性问题。

"一致性"即分布式系统在出现故障并恢复后得到的结果,与未出现故障得到的结果存在的差异的衡量,也可以认为是一种正确性级别的度量。

例如,进行网站点击频次评价的频繁项挖掘流计算系统发生故障,故障恢复后产生的频繁项计数结果,与未发生故障产生的计数结果,其误差是否会影响网站打分? 如果影响网站打分,则发生故障后,需要尽可能地挽救故障周期内可能错过的数据。

流计算的一致性度量标准与分布式系统的可靠性保障级别类似,划分为三个等级:最多一次(at-most-once)、最少一次(at-least-once)和仅需一次(exactly-once)。

流计算的
可靠性等级

（1）最多一次

at-most-once 意味着数据只会在流计算系统中传递处理一次，如果由于故障等原因导致数据处理损失，则不会进行任何补救。

at-most-once 本质上是构建流计算的分布式系统没有任何可靠性保证，相应的，流计算处理也不会有任何一致性保证。

at-most-once 仅仅适合重要性不高的、一般是无状态的数据处理，如仅需进行网站点击频次计数等场景。

（2）最少一次

at-least-once 意味着流计算系统为了避免故障而导致数据处理缺失，系统在发起数据处理请求的时候，可能不止发起一次，而是发起多次请求，从而保证即便有一次请求处理失败，其他的处理请求还是能够被正确处理。at-least-once 实际是用系统的冗余性来提高系统的可靠性。

at-least-once 处理机制带来的问题是，如果不对冗余性进行处理，可能导致最后的流计算处理结果与原始处理结果不一致。如进行计数草图操作，使用 at-least-once 处理机制可能导致计数草图的计数结果大于正确值。

at-least-once 处理机制用剔除冗余的复杂性代替了数据处理失败与恢复判断的复杂性，在处理时间和可靠性保障上能够较为容易地做到均衡，是传统流数据处理系统较为广泛支持的模式。

（3）仅需一次

exactly-once 意味着流计算系统能够准确识别由于故障而导致的数据处理缺失，且能够及时地恢复故障导致的数据和数据处理缺失，保证故障恢复后的处理结果与未发生故障的处理结果完全一致。

exactly-once 是一种理想化的模式，因为分布式系统为了保证处理的可靠性，需要使用多种确认、反馈技术来确认发出的请求被正确执行，这是以处理延迟为代价的。而由于流数据处理的实时性要求，在发生故障的时候，流数据处理可能无法暂停并等待故障的恢复。因此，流计算系统的一致性保障永远是流计算处理的性能和可靠性的取舍平衡。

在保证 at-least-once 的基础上，尽可能追求 exactly-once 是当今流计算实现框架在持续努力达到的目标。

7.3　流计算处理中的时间

时间窗口模型是流数据处理过程中的基础模型，但是由于数据采集、数据传输的时延，时间窗口划分过程中的界标划分依据却不一定是数据抵达处理系统的时间。

在流计算处理系统中,时间可划分为两种:处理时间(Processing Time)和事件时间(Event Time),如图 7-4 所示。

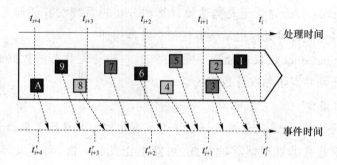

图 7-4　流计算系统中的时间

（1）事件时间

事件时间是数据采集设备从被监测系统上获得数据时的实时时间,是数据的发生时间,一般会用时间戳的方式携带在数据中。

例如,传感器采集到的温度、湿度等天气信息的采集时间,用户电话通话记录的通话发起时间,云计算性能监测的监测数据采集时间等。

（2）处理时间

处理时间是数据汇总传输抵达流计算系统开始进行处理的时间,是数据被处理的时间,流计算系统会根据需求对抵达的数据进行封装等处理,处理时间一般也会用时间戳或序号等方式携带在流计算系统的数据封装中。

例如,Storm 会将数据分块为 Tuple,每一个 Tuple 会有一个序号;Flink 会在数据进行处理的时候打上一个时间戳标识数据在不同窗口的操作时间等。

事件时间和处理时间的差异导致两个明显的事实。

① 由于数据的采集、传输等都存在时延,因此处理时间一般会晚于数据的事件时间。

② 同样由于数据的传输、分布式处理等可能导致数据的乱序,因此流数据各个数据块所携带的事件时间并不一定是递增的,有可能存在乱序的情况。

由此带来的两个重要问题如下。

① 如果按照处理时间来设置流数据处理窗口的界标,有可能导致划分出的时间窗口与原始事件时间序列所实时存在的时间窗口不一致。如图 7-4 所示,按照处理时间划分的时间窗口 $[t_{i+2}, t_{i+3}]$,可能存在一个延迟的数据块 6(属于事件时间窗口$[t'_{i+1}, t'_{i+2}]$),但本应属于事件窗口$[t'_{i+2},$

t'_{i+3}]的数据块 8,却由于延迟抵达没能划分到时间窗口[t_{i+2}, t_{i+3}],而是被划分到时间窗口[t_{i+3}, t_{i+4}]。这可能导致流数据处理过程中,时间窗口[t_{i+1}, t_{i+2}]、[t_{i+2}, t_{i+3}]、[t_{i+3}, t_{i+4}]统计出的流数据的一些特征,与实际数据的特征分布不一致,从而导致误差。

② 如果流计算系统采用事件时间进行数据处理,那么当流计算系统采用 exactly-once 的处理模式时,遇到数据处理失败的情况,是按照处理时间窗口进行数据恢复,还是按照事件时间窗口进行数据恢复?如果按照事件时间窗口进行数据恢复,会出现需要恢复的数据可能分散在两个处理时间窗口中的情况,增加系统一致性保证的复杂度。如果遇到的流数据处理需求需要采用会话窗口,则会更为复杂,导致系统复杂性加大,影响系统的可靠性和执行效率。

流计算系统在实现过程中,需要考虑这种时间不一致造成的差异,并有针对性地进行处理。一种典型的处理模式如图 7-5 所示。

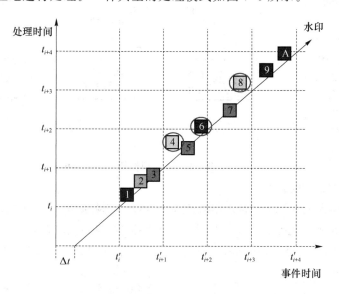

流计算与时间

图 7-5　流计算系统的时间处理

考虑处理时间与事件时间之间的平均延迟 Δt,为流计算所需处理的数据块增加水印(WaterMark),根据处理时间和事件时间的处理延迟曲线,及实时性处理要求的容忍度,可以判定数据是否可能被及时处理,并对数据块的处理或抛弃制定相应的判定策略。

如图 7-5 所示,如系统具有严格的实时性要求,则数据块 4 和数据块 8 就可能无法满足实时性处理要求,可以采取抛弃策略。而如果系统对完整性存在要求,则数据块 6 和数据块 8 就存在跨处理时间窗口的问题,需要被关联恢复。

7.4　流计算实现框架

业界对流计算模型的实现不是一蹴而就的,经历了从批处理到流处理逐渐演进的过程。

1. 批处理框架

传统的大数据处理模式主要采用批处理方式,流数据则主要采用流计算模式,传统计算引擎一般将这两种模式严格分开,由开发者自己解决如何集成的问题。如 hadoop 就是典型的批处理引擎,其将采集到的数据存储在 HDFS 中,并使用 MapReduce 进行批处理,处理结果存储在 HDFS 或分布式数据库中,在需要的时候使用 Hive 等进行查询。批处理框架如图 7-6 所示。

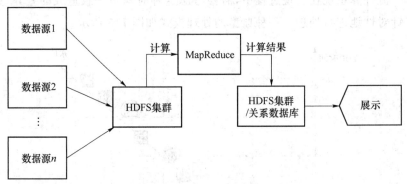

图 7-6　批处理框架

2. 流处理框架

其后出现的 Storm 则采用消息队列(MQ)作为数据输入,在批处理基础上提供了低延迟的流处理,但是它实现得并不彻底,难以实现高吞吐,也没真正实现容错,即它保证 exactly-once 的代价过大。流处理框架如图 7-7 所示。

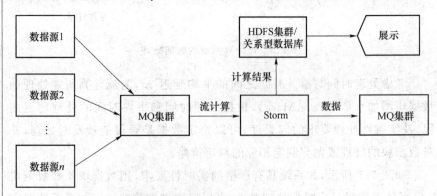

图 7-7　流处理框架

3. 微批处理框架

由于流计算为保证实时性牺牲了准确性,因此一些方案提出整合流处理和批处理,用流处理的结果提供快速的实时计算,用批处理的结果提供有一定延迟但相对精确的计算。但是使用传统的 MapReduce 处理引擎可能需要较长的时间窗口,这就导致批处理与流处理的不一致,协调困难。为了解决这一问题,可以考虑将流数据分割成一系列微小的批处理作业(微批处理),通过降低批处理作业的大小,降低处理延迟,以接近流处理。同时,由于微批处理作业较小,较为容易实现状态保障,因此可以在微批处理作业失败的时候重新启动,从而实现了 exactly-once。Spark Streaming 就是基于这一体制构建的处理引擎。微批处理框架如图 7-8 所示。

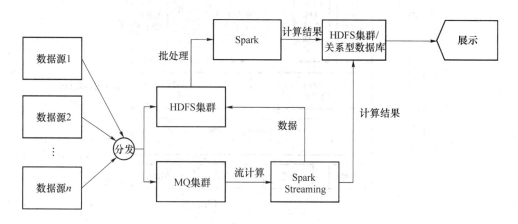

图 7-8　微批处理框架

4. 流水线处理框架

微批处理方法虽然整合了批处理和流处理,但是在实际业务处理过程中,往往是根据业务的实际需求分割事件数据,而处理引擎只能根据作业的批量时间间隔进行分割,缺乏灵活性。那么是不是可以将批处理看作一种特殊的流处理呢?由流处理引擎统一整合流处理和批处理。这就是 Flink 的思路。流水线处理框架如图 7-9 所示。

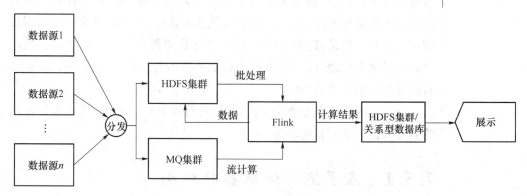

图 7-9　流水线处理框架

如图 7-10 所示,Flink Runtime 执行引擎是一个分布式系统,其提供统一的容错性数据流的分布式处理,可以作为 YARN(Yet Another Resource Negotiator)的应用程序在集群上运行,也可以在 Mesos 集群上运行,还可以在单机上运行。在 Flink Runtime 引擎之上提供了面向流处理的开发接口(DataStream API)和面向批处理的开发接口(DataSet API),以分别支持面向流处理的结构化流数据处理(Table API)、复杂事件数据处理(CEP API),及面向批处理的机器学习(FlinkML)、图计算(Gelly)等。

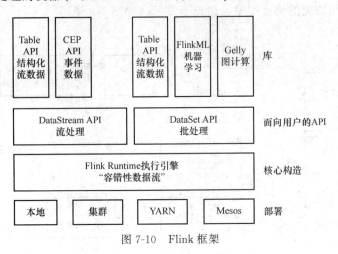

图 7-10　Flink 框架

7.5　Storm 流处理框架

Storm 是 Twitter 开发的一款基于主从模式的流式数据计算系统,主要目标是解决 Hadoop 系统 MapReduce 机制的高延迟问题,实现大吞吐量、低时延的数据处理。

Storm 通过将数据封装为一个数据单元,将数据处理操作封装为一个有向无环图,实现对数据单元的快速流式处理。即 Storm 所针对的是实时性较强的数据处理,新数据到达立即进入处理,从而有效保证了数据处理的时效性。但是,这也意味着系统的负载均衡和容错也将是以抵达的数据记录为单位进行的,这带来了系统处理的复杂性。同时,Storm 系统对批处理的兼容性并不好。

Storm 比较适合处理纯流式数据,进行频繁模式挖掘、异常事件检测等对实时性要求较高的场景。

7.5.1　基于流的处理拓扑结构

Storm 处理流数据的基本结构是由一系列 Spout 和 Bolt 构成的有向无

环图（Topology）。其中，Spout 负责从外部数据源拉取数据，封装为 Tuple，并持续不断地发送给 Bolt。Bolt 则负责对接收到的 Tuple 进行处理，并将 Tuple 转交给下游节点继续处理，从而实现业务需求，如图 7-11 所示。

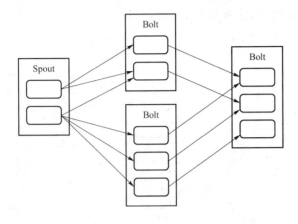

图 7-11　Storm 计算图

（1）Topology

Storm 通过 Topology 抽象流数据处理的分布式计算模型，目的是通过设计 Topology 完成从数据源（Spout）到数据处理（Bolt）的组织管理。

（2）Tuple

Tuple 是 Storm 的数据模型，每个 Tuple 是一个可被序列化的数据结构对象。Tuple 默认是一个基于 Key-Value 的 Map，至少会包括一个 ID（数据序号）。每个 Spout/Bolt 都需要定义其输入输出的 Tuple 的结构，并将其与前继、后继的节点之间的 Stream 关联。

（3）Spout

Spout 是 Topology 中的消息生产者，一般用于从外部数据源获取数据，并封装为 Tuple，根据定义的 Stream 发射到后继的 Bolt 中。

（4）Bolt

Bolt 是 Topology 中的数据处理逻辑，在收到 Tuple 的时候，进行数据的处理，如进行数据筛选、频繁项计数、数据聚合、数据预测等。Bolt 可以处理多个输入的流，也可以向下游节点输出多条流。

7.5.2　记录级容错

在处理过程中，Storm 通过将数据抽象为一个 Tuple 的时间序列，实现对数据的流式处理。一个作业被抽象为针对一个业务需求的流数据 Tuple 序列，并预先确定特定数据流所需经过的节点。为了保证数据流被完整处理,Storm 提供了一种作业容错机制。

如图 7-12 所示,其基本原理是在 Storm 系统中提供一个独立的任务 Acker,用于跟踪整个拓扑图中的每一个 Spout 和 Bolt 处理的 Tuple,判断数据处理是否失败,并向 Spout 进行反馈。

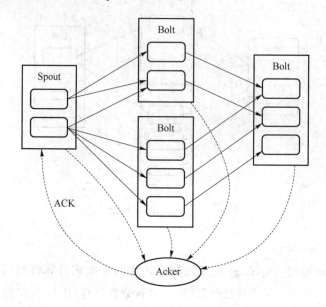

图 7-12　Storm 容错机制示意图

Spout 在发射 Tuple 的时候,为其生成一个唯一的 64 位整数 TupleID,如果一个消息绑定了多个 Tuple,则将所有的 TupleID 进行异或操作,作为该消息的验证值。产生的验证值将保存到 Acker,形成 Spout 的 TaskID、消息 ID,及消息验证值 VAR 的绑定关系:$<$SpoutID, $<$MessageID, VAR$>>$。

当 Bolt 收到 Tuple,并派生新的 Tuple 的时候,将收到的与派生的 TupleID 进行异或操作,形成验证值,以更新 Acker。在最终的 Bolt,将收到的全部 TupleID 进行异或操作,形成验证值,更新 Acker。Acker 根据收到的 MessageID 和验证值,对保存的验证值进行异或操作,以更新验证值 VAR,并判断最终的验证值是否为 0,从而判断在整个数据流的处理路径中,消息是否被按照 Topology 预定义的路径成功处理。

Storm 容错的记录校验机制如图 7-13 所示。

(1) VAR1＝XOR1＝(TupleID1 xor TupleID2)

(2) VAR2 ＝ VAR1 xor XOR2 ＝ (TupleID1 xor TupleID2) xor (TupleID1 xor TupleID3)

(3) VAR3 ＝ VAR2 xor XOR3 ＝ (TupleID1 xor TupleID2) xor

（TupleID1 xor TupleID3）xor（TupleID2 xor TupleID4）

（4）VAR4＝VAR3 xor XOR4＝（TupleID1 xor TupleID2）xor
（TupleID1 xor TupleID3）xor（TupleID2 xor TupleID4）xor（TupleID3
xor TupleID4）＝0

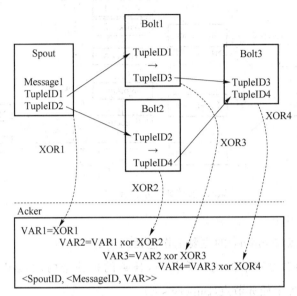

图 7-13　Storm 记录校验示意图

从这一流程操作可以看到，当消息绑定的两个 Tuple 按照预定义的
拓扑流转到 Bolt3，并结束处理后，恰好每个 TupleID 都被进行了两次异
或操作，从而使得最终的验证值应该取值为 0。

如果最终的验证值判断为 0，则代表这一消息的处理成功按照预定义
的 Topology 进行了处理。如果最终的验证值判断不为 0，则代表其中某
一个环节出错。此时，Acker 将根据判断结果向 Spout 进行反馈，驱动
Spout 对错误的消息进行 Tuple 重发。

7.5.3　Storm 的系统架构

Storm 采用层次化架构，其系统的控制采用主从系统架构，数据交换
层使用对称架构。

1. 系统控制架构

系统的控制架构包括一个作为主节点的 Nimbus，多个作为从节点的
Supervisor。而每一个任务节点（Supervisor）进一步管理多个任务进程
（Worker），多个 Worker 可以部署在同一个主机上，由一个 Supervisor 进

行管理。在 Worker 中将运行多个任务执行器(Executor),用于运行实际的 Task。任务主节点和从节点通过 ZooKeeper 集群进行通信。Storm 系统架构如图 7-14 所示。

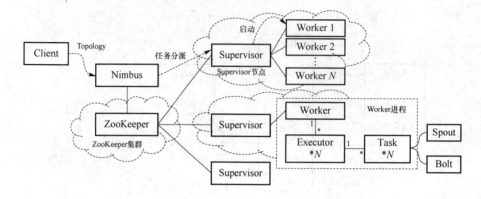

图 7-14　Storm 系统架构示意图

(1) Nimbus

主控节点(Nimbus)的主要工作包括两个。

其一,接收客户端的流计算任务(任务的拓扑结构,Topology),并将任务分配给各个任务节点(Supervisor)。

其二,负责全局资源分配、任务调度、状态监控和故障检测。如果有任务节点(Supervisor)或任务进程(Worker)失败了,需要进行重启等操作。

(2) Supervisor

任务节点(Supervisor)的核心工作是对任务进程(Worker)进行管理,包括 Worker 的启动和关闭等。由于每个 Worker 实际是一个 JVM 进程,因此 Supervisor 实际完成了主机上的多进程的管理。

(3) Worker

任务进程(Worker)是 Storm 具体业务逻辑的执行容器。Worker 中会启动多个作业线程(Executor),用以实际运行作业任务(Task)。需要注意的是,多个 Task 可能会共享一个 Executor,从而避免线程数量过多导致的线程切换资源浪费。

每一个 Task 实际实现流处理 Topology 中的 Spout 或 Bolt,用以完成数据的收发与处理。

2. 系统执行架构

整个 Storm 系统通过 ZooKeeper 集群进行各个节点、进程之间的通信。ZooKeeper 是一个成熟的分布式管理系统,能够简化分布式系统的组织管理。但 ZooKeeper 并不用于进行 Tuple 的交换,各个 Worker 之间的数据流是通过独立的端到端协议继续交换的。

早期的 Storm 使用 ZeroMQ 进行 Worker 之间的数据交换，后期的 Storm 则使用 Netty。每一个 Worker 的实现结构如图 7-15 所示。

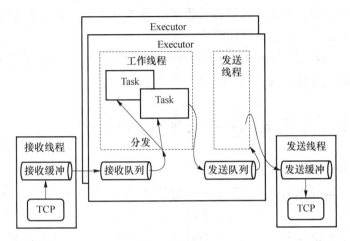

图 7-15　Storm 执行节点架构示意图

为了保证数据收发的实时性，每一个 Worker 进程会建立一个独立的接收线程和一个独立的发送线程，同时在每一个执行器 Executor 中维护一个接收队列和一个发送队列。从网络发送来的数据报文，将首先根据目标的 TaskID 分发到对应的 Executor 中的接收队列，之后再由对应的 Task 进行数据处理。而生成的新的需要继续传递给后继 Bolt 的 Tuple，将写入发送队列，由发送线程提取并将数据报文写入发送缓冲，通过 Worker 的发送线程向后继 Worker 所在的主机发送。

7.6　Spark 流处理框架

Spark 由加州大学伯克利分校的 AMPLab 开发，并于 2010 年成为 Apache 的开源项目。Spark Streaming 是 Spark 针对流计算进行的扩展，主要针对 Hadoop MapReduce 模型无法满足实时流数据处理要求的问题，通过设计新的数据操作模型，将 MapReduce 的中间输出和结果保存在内存中，降低对 HDFS 的操作，从而提高数据处理的速度，同时将数据切分为一个一个的小批次，从而实现了流处理和批处理的统一，满足了实时处理的需求。

Storm 是以数据单元为单位处理数据流，这一模式并不适合批处理方式，难以将流处理与批处理整合。与 Storm 不同，Spark 以批处理为出发点，将数据在处理之前预先划分为小的批处理作业（微批处理：Micro-

Batching),通过调度这些微批处理作业,实现数据处理的实时性和高效的平衡。但将流式计算分解为一系列微批处理,意味着批处理只能针对批量数据集进行操作,影响处理的实时性,且难以解决处理过程中的数据随机抵达的问题。但优势是微批处理的容错和负载均衡机制实现简单,只需解决好批量数据集的管理即可。

Spark 比较适合使用窗口或滑动窗口进行数据处理的场景,及批处理与流处理混合场景,如聚类分类等。

7.6.1 基于 RDD 的微批处理结构

1. Spark 的计算图

在处理流数据的时候,Spark 将数据抽象为 DStream(Discretized Stream),并由弹性分布式数据集(Resilient Distributed Dataset,RDD)进行基于滑动窗口或任意函数的数据切分与管理,每一个微批处理作业围绕 RDD 进行处理,从而保证了应用的编写与数据源的分离。

以 RDD 为中心,Spark 的数据处理有向无环图(Directed Acycle Graph,DAG)将主要反映 RDD 之间的依赖关系,即不同数据集或前后相继的数据集之间的依赖关系,如图 7-16 所示。

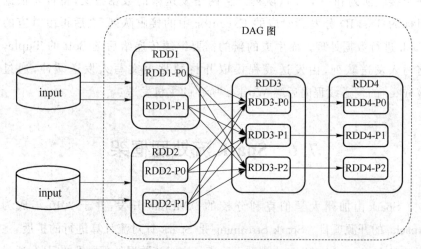

图 7-16　Spark 计算图

在 DAG 中,RDD 可以通过以下三种方式创建:

(1) 从文件系统,如本地文件、HDFS、数据库等;

(2) 从集合转换;

(3) 从前继 RDD 转换。

根据数据处理的需求和 RDD 之间不同的依赖关系,可以将整个 DAG

切分形成不同的阶段(Stage),每一个阶段包含一系列 RDD 及其相关数据
处理函数,形成流水线。

如图 7-17 所示,

(1) RDDa、RDDb 形成 Stage1,用于对输入数据进行 Map 操作;

(2) RDDc、RDDd、RDDe 形成 Stage2,用于对数据进行 Map 操作,并
进行数据归并;

(3) Stage1 和 Stage2 的输出结果,通过数据合并操作建立 RDDf,形
成 Stage3。

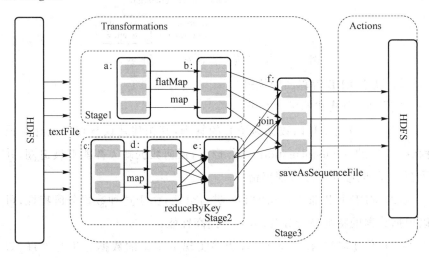

图 7-17　Spark 基于 RDD 的批处理流水线

2. Spark 的计算图的操作

在围绕 RDD 进行处理的时候,主要执行 Transformation 和 Action
两类操作:

(1) Transformation

Transformation 通过链式调用设计模式,实现从 RDD 到 RDD 的转
换。即一个 RDD 的处理返回值是另一个 RDD。Transformation 是延迟
执行的,即只有等到 Action 操作的时候,才会真正执行。

(2) Action

Action 用于最终计算输出,Action 返回值不是一个 RDD,而是一个
RDD 的处理结果,如将 RDD 写入文件系统中。Action 是真正递交作业,
在调用 Action 的时候完成这个 Stage 的全部操作的执行。

与 Hadoop 不同,Spark 不仅提供了 Map 和 Reduce,还提供了
Transformation 和 Action 等操作,从而通过 Action 驱动"微批"操作,满
足了流数据的实时性流式处理需求。而 Transformation 和 Action 操作的
划分,使得针对流数据的 Spark 处理模型可以被抽象为多个并行的数据微

批处理,从而有利于实现类似传统批处理模型的并行执行。Spark 基于微批处理的并行执行如图 7-18 所示。

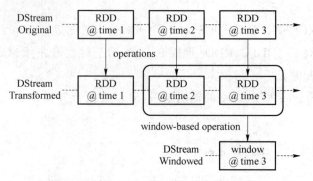

图 7-18　Spark 基于微批处理的并行执行

3. 基于 RDD 计算图的优势

使用 RDD 模式的优势在于:

(1) RDD 是一种以数据为中心的管理,其构建建议从持久化存储或前继 RDD 的 Transformations 操作产生,任何数据缺失都能够被追溯,并重新计算,能够较好地实现容错;

(2) RDD 可以根据数据的 key 进行分区,由于这种数据分区特性,可以根据数据的特征进行分割,有利于提高性能;

(3) 通过扩展 RDD 的操作,能够实现更丰富的数据分析与处理,如 count、reduce、collect、save 等不同的处理。

7.6.2　基于 RDD 依赖的容错

Spark 采用基于 RDD 的微批处理方式进行流数据处理,并以 RDD 为中心实现分布式数据集容错机制。具体方法是记录 RDD 之间的转换关系,并在出现错误的时候,按照转换关系重新计算一遍。由于 RDD 具有持久化的能力,因此任何一个数据出错的时候,只需要根据 RDD 的转换关系,重新执行 Transformation 动作序列即可。因此,Spark 的容错处理关键是 RDD 依赖关系的管理。

基于 RDD 的这种容错机制被称为"血统"(Lineage)容错机制,最大的难点是如何表达父 RDD 和子 RDD 之间的依赖关系。在 Spark 中,这种依赖关系被划分为窄依赖(Narrow Dependencies)和宽依赖(Wide Dependencies)。

(1) 窄依赖

窄依赖如图 7-19 所示。子 RDD 中的每个数据块只依赖于父 RDD 中对应的有限个固定的数据块,例如 map、filter、union、mapPartitions、mapValues 操作。对于 join 操作,如果 join 的父 RDD 和子 RDD 的 Partition 具有一对一的关系,则此时的 join 操作也是窄依赖。一般情况下,若父子 RDD 的 Partition 是基于哈希计算的,则 join 操作是窄依赖。

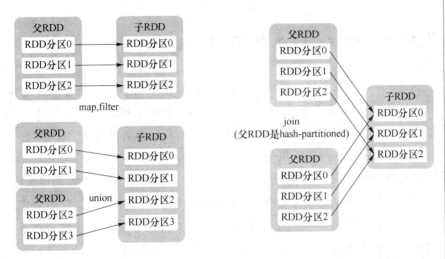

图 7-19　窄依赖

　　窄依赖更多的是一对一的关系,因此具有明确的操作顺序,当有数据缺失或计算失误的情况时,只需对父 RDD 中特定分区的部分数据进行重新计算即可,具有更高效的故障还原能力。

　　(2) 宽依赖

　　宽依赖如图 7-20 所示。子 RDD 中的一个数据块可以依赖于父 RDD 中的所有数据块,例如 groupByKey、partitionBy、reduceByKey 等操作。对于 join 操作,如果 join 的父 RDD 和子 RDD 的 Partition 不具有一对一的关系,则此时的 join 操作是宽依赖。一般情况下,若父子 RDD 的 Partition 不是基于哈希计算的,则 join 操作是宽依赖。

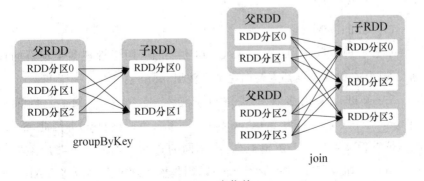

图 7-20　宽依赖

对于宽依赖,一个 RDD 节点的故障可能导致来自所有父 RDD 的分区丢失,因此需要完全重新执行。这意味着每个父 RDD 的 Partition 可以给多个子 RDD 使用,因此只有当所有父 RDD 的所有数据处理完毕,才能进行下一步处理。如果发生数据丢失或者计算失败,则必须将父节点的全部数据重新计算,才能实现恢复。

7.6.3 Spark 的系统架构

Spark 的系统架构主要采用分层架构,计算任务之间采用对称式进行数据流传递,计算任务的管理则采用主从式。Spark 的系统架构包括一个作为主节点的集群管理节点(Cluster Manager)和多个作为从节点的任务调度节点(Driver)和任务执行节点(Worker),如图 7-21 所示。作为主节点的集群管理节点并不执行计算任务,而仅负责集群计算资源管理。作为从节点的任务调度节点是系统应用的入口,用于进行 RDD 资源管理,并完成实际的任务调度。作为从节点的任务执行节点则可以部署多个,其中运行多个任务执行器(Executor),用于运行实际的 Task。

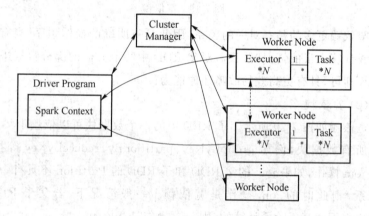

图 7-21　Spark 系统架构示意图

(1) Cluster Manager

集群管理节点(Cluster Manager)是主节点,用于管理整个集群的计算资源,所有的从节点都需要向主节点注册,并由主节点统一调度。

Spark 可以采用多种模式进行资源管理,如采用 Mesos 或采用 Apache Hadoop YARN(Yet Another Resource Negotiator)。因此,Spark 的集群管理节点是一个逻辑概念,在不同的资源管理模式下对应不同的物理节点。如采用 YARN 运行 Spark,则集群管理节点对应着 YARN 中的 Resource Manager。

（2）Driver Program

任务调度节点（Driver）是 Spark 程序的入口，主要负责将应用程序分割为具体的任务（Task）并将任务分配到最合适的任务执行节点（Worker）中运行，同时协调不同任务的运行过程。任务调度节点可以是一个独立的物理节点，也可以依附在任何一个任务执行节点上。

（3）Worker Node

任务执行节点（Worker）是 Spark 任务的运行节点，其中部署执行器（Executor）进程，用于实际运行具体的计算任务，并将执行的结果反馈给 Driver 节点。同时，执行器会提供 RDD 的内存存储。Worker Node 之间的数据交互由 Executor 直接点到点完成，避免了集中管理可能的瓶颈。

在进行任务的编写和调度的时候，将考虑 DAG 图，按照 RDD 的分阶段微批处理结构，划分为多组任务集（TaskSet），并进行调度，如图 7-22 所示。

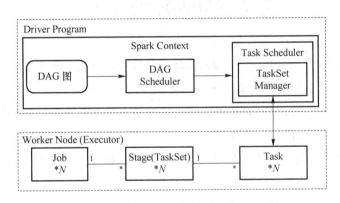

图 7-22　Spark 的任务调度示意图

（1）DAG Scheduler

DAG 调度器（DAG Scheduler）在 Spark Context 初始化的过程中被实例化，主要目的是基于预先设计的流数据处理过程的有向无环图，将处理过程划分为多个阶段（Stage），并交由任务调度器（Task Scheduler）进行任务的管理。DAG 调度器负责对各个阶段的状态进行跟踪和运行结果管理。

（2）Task Scheduler

任务调度器（Task Scheduler）负责围绕 RDD 将各个阶段（Stage）中的任务（Task）组织成为任务集（TaskSet），形成不同阶段的具有依赖关系的多批任务，制定调度逻辑，完成任务资源的调配、任务执行的状态跟踪与运行结果管理。

调度逻辑会提交给任务集管理器(TaskSet Manager),用以执行任务集(TaskSet)内具体的任务调度管理。

(3) Job

作业(Job)由一个或多个调度阶段(Stage)组成,每个阶段由一组任务(Task)组成。一个作业一般由 Spark Action 驱动,用以实现一个以 RDD 为基础的数据处理功能。

(4) TaskSet

调度阶段(Stage)对应一个任务集(TaskSet),用于将 Job 拆分为多个子功能,并通过对不同任务集输出的操作完成复杂数据处理需求。一般情况下,每个 Stage 下的各个 RDD 分区都需对应一个 Task,并以 Task 作为最小处理单元,被送到 Executor 上进行调度和执行。

7.7　Flink 流处理框架

Apache Flink 是由 Apache 软件基金会开发的流处理框架,主要通过流水线方式执行任意流数据程序。通过流水线方式,数据流可以被灵活地处理为不同的窗口,如基于数据抵达或基于时间的滑动窗口,基于统计的窗口,基于会话的窗口等,从而实现流处理与批处理的统一。

由于 Flink 本质上还是以流计算而不是以批处理为基础的系统,因此 Flink 的容错处理也是基于检查点的,但与 Storm 不同,Flink 不是记录级的容错,而是在数据流中设置检查点,通过对小批量数据的检查提高容错的效率。

Flink 继承了 Storm 的优点,也兼顾了批处理的需求,能够兼顾各种模式的流数据处理场景。

7.7.1　基于流水线的处理结构

Flink 的数据处理方式借鉴了 Storm 和 Spark 的优点。与 Storm 类似,Flink 将数据的处理过程抽象为一组输入的流和一组输出的流衔接形成的数据流图(Streaming Dataflow)。与 Spark 类似,Flink 将数据处理操作抽象为转换操作(Transformation Operator)。转换操作将输入流按照规则映射为结果流。通过预定义的各种转换操作,可以形成不同的流映射。Flink 的流类型转换如图 7-23 所示。

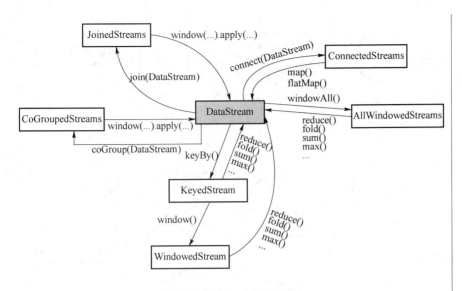

图 7-23 Flink 的流类型转换

多个流的不同转换组成了 Flink 的数据流图,如图 7-24 所示。Flink 的流拓扑将从一个或多个源操作(Source Operator)开始,中间经过多个转换操作,于一个或多个汇聚操作(Sink Operator)结束。

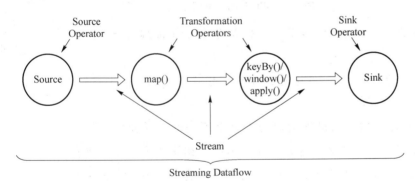

图 7-24 Flink 的数据流图

为了支持更复杂的数据流图,Flink 中的流可以被分为多个流分区(Stream Partition),一个操作(Operator)可以被分成多个操作子任务(Operator Subtask),每一个操作子任务都运行在独立的线程上,这样就可以支持对操作的并行执行,支持更复杂的数据流拓扑,如图 7-25 所示。

根据流分区和操作子任务的对应关系,可以将流水线划分为两种工作模式。

(1)One-to-One 模式

流分区和操作子任务一一对应,即后继操作子任务通过流分区获得的

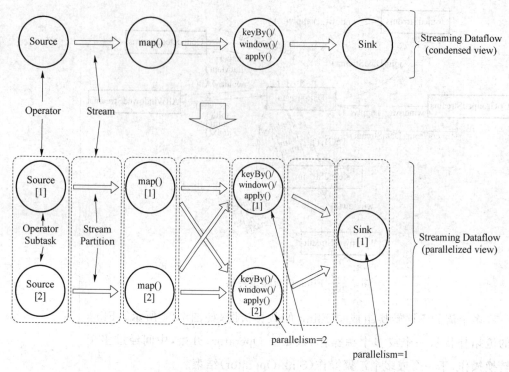

图 7-25　Flink 的计算图

数据元素,与前继操作子任务的输出是一一对应的,保持了前继的唯一性和顺序性。

如从 Source[1]到 map()[1]就是 One-to-One 模式。

(2) Redistribution 模式

上游的操作子任务的输出可能被递交给多个不同的后继操作子任务,后继的操作子任务也将从多个流分区夺得不同前继操作子任务的数据处理结果,此时后继操作子任务获得的数据元素与前继就不是一一对应的,如从 map()[1]、map()[2]到 keyBy()/window()/apply()[1]、keyBy()/window()/apply()[2]。

默认情况下,每一个操作子任务都运行在不同的线程,以支持并发。但也可以将多个操作子任务合并,组成一个操作链(Operator Chain),并将操作链部署到同一个线程执行,这样可以将相关性较强的多个操作一起调度,降低操作之间进行流数据转发的资源消耗,增强流拓扑的灵活性,如图 7-26 所示。

在这个数据流图中,Source 和 map 操作组成的操作链将以并行数 2 同时调度,最后 Sink 操作以并行数 1 进行调度,实现最后的数据归并。

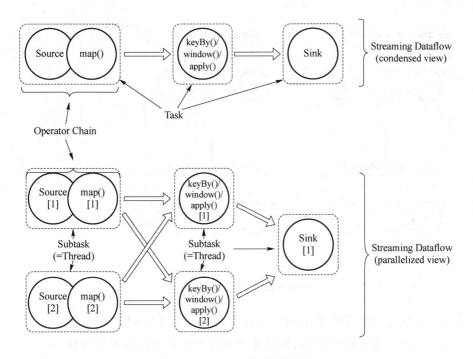

图 7-26 Flink 合并后的计算图

7.7.2 基于分布式快照的容错

Flink 以分布式快照（Distributed Snapshot）算法为基础实现了系统的容错。分布式快照算法的核心目的是在无中心的分布式系统中，确定一个全局快照（Snapshot），从而保证系统在出现错误的时候能够回溯到上一个全局快照重新计算。Flink 的分布式快照算法以 Chandy-Lamport 算法[39] 为基础进行了一定改进。

1. Chandy-Lamport 算法

Chandy-Lamport 算法的核心是通过一个令牌（Token）在不同的分布式节点之间同步状态。如图 7-27 所示，如果节点持有令牌记为 s1，不持有令牌记为 s0，则在两个节点组成的分布式系统中，令牌的流转状态只存在四种 $\{p, q, p \rightarrow q, q \rightarrow p\}$，即令牌只存在两个节点中的任意一个，或两个节点之间的 FIFO 中的任意一个之中。

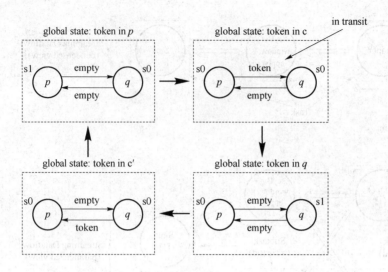

图 7-27　Chandy-Lamport 算法的状态图

为了避免在传输过程中系统中断导致的令牌丢失，Chandy-Lamport
算法引入了 maker 作为确认机制，确保令牌不会因为异步传输损失导致
状态不同步。

p 进程发送确认规则（Marker-Sending Rule for a Process *p*）：

> For each channel *c*, incident on, and directed away from *p*:
>
> 　*p* sends one marker along *c* after *p* records its state and before *p*
> sends further messages along *c*.

q 进程接收确认规则（Marker-Receiving Rule for a Process *q*）：

> On receiving a marker along a channel *c*:
>
> 　**if** *q* has not recorded its state **then**
>
> 　　**begin**　*q* records its state；
>
> 　　　　*q* records the state *c* as the empty sequence
>
> 　　**end**
>
> 　**else** *q* records the state of *c* as the sequence of messages received
> along *c* after *q*'s state was recorded and before *q* received the marker
> along *c*.

2. 分布式快照算法

Flink 的 分 布 式 快 照 算 法 被 称 为 ABS（Asynchronous Barrier
Snapshots），用 CB（Checkpoint Barrier）代替了 Maker。

在 Flink 中，会周期性地生成 CB，每个 CB 都包含一个唯一的
checkpoint ID。CB 将被周期性地注入所有的源操作中，源操作收到 CB

后,会立即记录自己的状态,之后将 CB 通过流向后继的转换操作传播,如图 7-28、图 7-29 和图 7-30 所示。

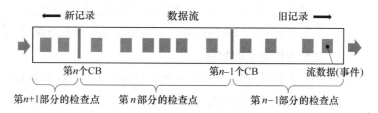

图 7-28 分布式快照的 CB 插入示意图

后继转换操作从某个流收到 CB 后,有两种处理模式。

(1) exactly-once 模式

在该模式下,转换操作一旦从某个入流收到 CB,则阻塞该流,其后继数据全部被缓冲。

直到其他所有的入流都收到了 CB 之后,转换操作开始检查点 (Checkpoint)创建工作,保存当前状态,并向所有的后继操作传播 CB。

转换操作完成检查点创建工作之后,所有入流解除阻塞,继续转换操作。

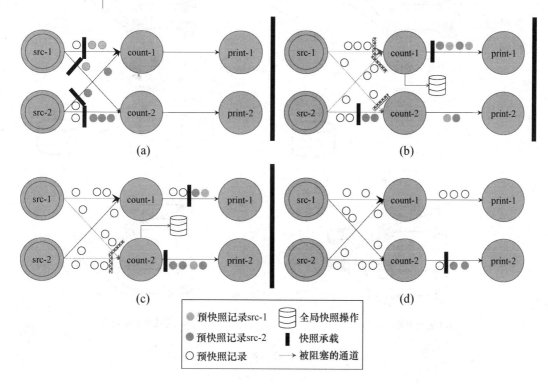

图 7-29 CB 传播示意图

（2）at-least-once 模式

在该模式下，转换操作会记录从流中收到的 CB，并在从所有入流收到全部 CB 的时候执行状态保存操作，在等待收齐 CB 的过程中，不会阻塞先收到 CB 的流数据处理。这意味着，在状态保存的时候，可能存在不属于本检查点的数据。

最后，当汇聚操作（Sink Operator）收到全部 CB 的时候，整个流拓扑就完成了特定检查点的创建。

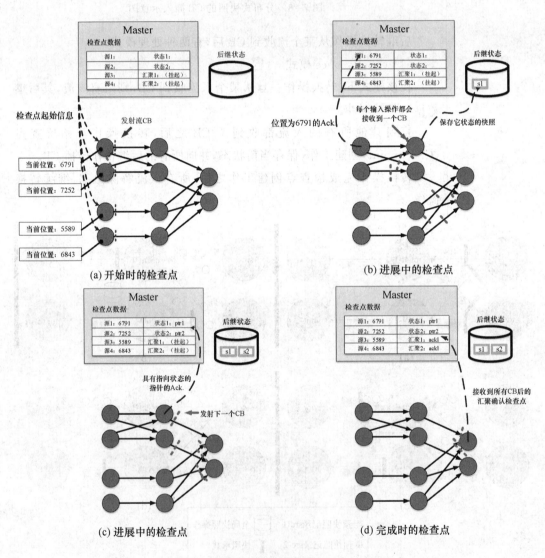

图 7-30　基于 CB 传播的检查点同步示意图

7.7.3　Flink 的系统架构

1. 系统控制架构

Flink 系统架构主要采用分层架构,计算任务之间采用对称式进行数据流传递,计算任务的管理则采用主从式。图 7-31 所示,Flink 的系统架构主要包括三部分:客户端(Client)、作业管理器(Job Manager)、任务管理器(Task Manger)。其中,作业管理器作为主节点(master 节点)完成基于数据流图的任务拆分与管理,任务管理器则作为从节点(slave 节点)完成具体任务的调度与执行。

在执行作业的时候,Flink 可工作在两种模式下。

(1) Job 模式

作业模式是以作业为单位的一次性执行模式。即在接收到客户端的作业请求时创建 Flink 实例,在作业执行完成后结束实例。此时,只会启动一个作业管理器(Job Manager)。

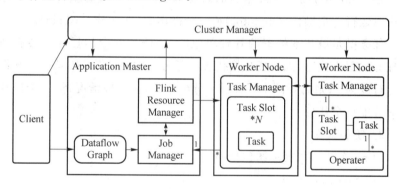

图 7-31　Flink 的系统架构

(2) Session 模式

会话模式支持多作业联合调度。在这一模式下,Flink 将预先启动应用控制器(Application Master)及多个任务管理器(Task Manager),在客户端提交作业的时候,动态创建作业管理器,并向资源管理器申请具体的执行资源,由作业管理器将具体的任务提交到分配的任务管理器中运行。

在会话模式下,每提交一个作业都将创建一个与之对应的作业管理器。因此,会话模式下会启动多个作业管理器完成不同作业的管理。

Flink 系统的核心功能实体包括以下几部分。

(1) Client

客户端(Client)用于生成作业的数据流图,包括流图(StreamGraph)和基于流图映射的作业图(JobGraph),并发起作业调度请求。

（2）Job Manager

作业管理器（Job Manager）用于接收客户端下发的数据流图，将其转换为应用执行所需的执行图（ExecutionGraph），并向资源管理申请资源，用以完成任务调度。

（3）Resource Manager

资源管理器（Resource Manager）用于对任务管理器可用的资源进行管理，一般采用 Yarn。资源管理的基本单位是任务槽（Task Slot），当任务管理器有空闲的槽时，资源管理器就会将槽分配给新创建的作业。如果任务管理器没有空闲的槽，则资源管理器就会通知集群管理器（Cluster）创建新的任务管理器。如果任务管理器中所有的槽都空闲了，则会删除任务管理器。

（4）Task Manager

任务管理器（Task Manager）与 Spark 的执行器（Executor）类似，是一个进程，用以管理和维护任务线程，执行数据缓存与交换。

在 Flink 中，任务是最基本的调度单位，由一个线程执行。一个任务中可以运行一个操作（Operator）或一个操作链（Operator Chain）。

任务槽是最基本的资源管理单位，一个任务槽中的任务只会启动一个任务线程来执行，因此任务槽代表了任务的并行程度（如果一个操作需要并行度为 2，则需要两个任务槽来分配任务）。一般情况下，一个任务槽下只分配一个任务。

2. 任务调度

Flink 系统的数据流图包括四层。

（1）StreamGraph

StreamGraph 是根据用户需求生成的图，用来表示数据处理作业的逻辑拓扑结构，如图 7-32 所示。

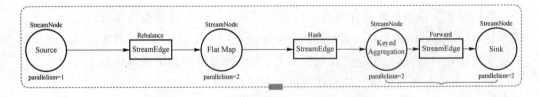

图 7-32　Flink 的 StreamGraph 示意图

- StreamNode：流图中的流节点（StreamNode）用来代表操作类，包含并发度、入边和出边等属性。
- StreamEdge：流图中的流边（StreamEdge）是连接两个流节点的边，用来代表操作之间的数据流。

（2）JobGraph

StreamGraph 经过优化生成作业图（JobGraph），用以提交给作业管理器（Job Manager）创建作业。作业图主要是将流图中存在的可能合并的操作进行合并，建立操作链，以减少数据在节点之间传输导致的额外消耗，如图 7-33 所示。

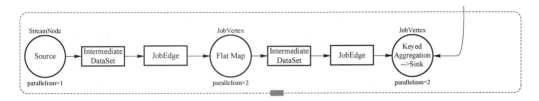

图 7-33　Flink 的 JobGraph 示意图

- JobVertex：作业图中的作业节点（JobVertex）是流图中的流节点的映射，符合建立操作链的多个流节点可以合并映射为一个作业节点。作业节点的输入是作业边（JobEdge），输出是中间数据集（IntermediateDataSet）。
- IntermediateDataSet：中间数据集（IntermediateDataSet）表示作业节点（JobVertex）的输出，即操作（Operator）的处理结果。
- JobEdge：作业图中的作业边（JobEdge）流图中流边的映射，代表的是作业图中的数据连接，用于抽象从中间数据集到后继作业节点的数据通道。

（3）ExecutionGraph

如图 7-34 所示，执行图（ExecutionGraph）是作业管理器根据作业图生成的任务管理与调度关系的规划，用于监控和跟踪各个任务的状态。在生成执行图的时候，作业管理器将考虑作业图的并行化需求，根据流图中流节点的并发度分割作业图，使之适应最终的任务调度要求。

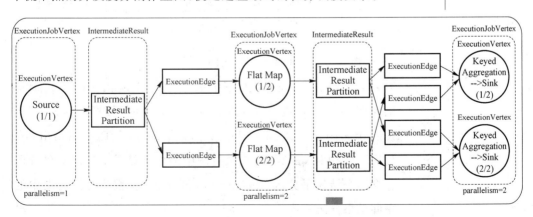

图 7-34　Flink 的 ExecutionGraph 示意图

- ExecutionJobVertex：执行图中的作业执行节点（ExecutionJobVertex）与作业图（JobGraph）中的作业节点（JobVertex）一一对应。作业执行节点中包含与作业节点并发度一样多的执行节点（ExecutionVertex）。

- ExecutionVertex：执行图中的执行节点（ExecutionVertex）是作业执行节点中的一个并发子任务，其输入是执行边（ExecutionEdge），输出是中间结果分区（IntermediateResultPartition）。

- IntermediateResult&IntermediateResultPartition：执行图中的中间结果（IntermediateResult）和作业图中的中间数据集（IntermediateDataSet）。中间结果分区（IntermediateResultPartition）则与执行图中的执行节点意义对应，代表并行化后的一个执行任务的输出结果。

- ExecutionEdge：执行边（ExecutionEdge）表示执行图中中间结果分区与执行节点的衔接关系。

（4）物理执行图

物理执行图是作业管理器（JobManager）根据执行图（ExecutionGraph）对作业（Job）进行调度，在任务管理器（TaskManager）中产生的具体的任务（Task）运行结构，如图 7-35 所示。

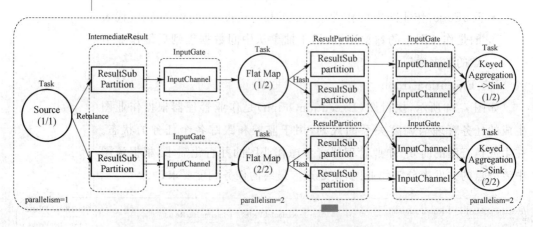

图 7-35　Flink 的物理执行图示意图

- Task：任务（Task）是为执行图中执行节点（ExecutionVertex）启动的实例，用于执行执行节点指示的具体业务逻辑操作（Operator）。

- ResultPartition&ResultSubpartition：结果分区（ResultPartition）代表了任务生成的数据，与执行图中的中间结果对应。结果分区包含多个结果子分区（ResultSubpartition），其数目与执行图中的中间结果分区一致。

- InputGate&InputChannel：输入网关（InputGate）是对任务（Task）的输入的封装。每个输入网关包含多个输入通道（InputChannel），输入通道与执行图（ExecutionGraph）中的执行边（ExecutionEdge）一一对应。

7.8 小　结

流数据处理是大数据分析领域中的一个重要分支，由于流数据与传统大数据存在的特性差异，流数据的处理技术与传统大数据存在显著不同。最明显的是流数据追求对数据的一次遍历（exactly-once），即数据仅经过一次处理，即获得预期结果。尽管这一目标的达成存在很多困难，现实中更多的是最少一次（at-least-once）模式，但流数据的处理带来的业务的实时性特征，仍然具有极大的吸引力。

目前，传统大数据的计算模式和处理引擎已经难以满足对海量、无界的流数据进行实时处理的需求，因此业界提出了多种符合流数据处理特点的计算模式，并根据不同的用户需求，提出多种不同的流计算应用实现框架。

本章总结了流数据处理的模型，提出了流计算状态与一致性需求，探讨了流计算过程中处理时间与事件时间的差异对系统的影响，归纳了不同流计算框架的设计思路和不同的适用范围，并通过不同流计算框架的计算模型、容错模型、实现框架的分析，对比总结了流计算引擎的设计实现思路。

本章知识点

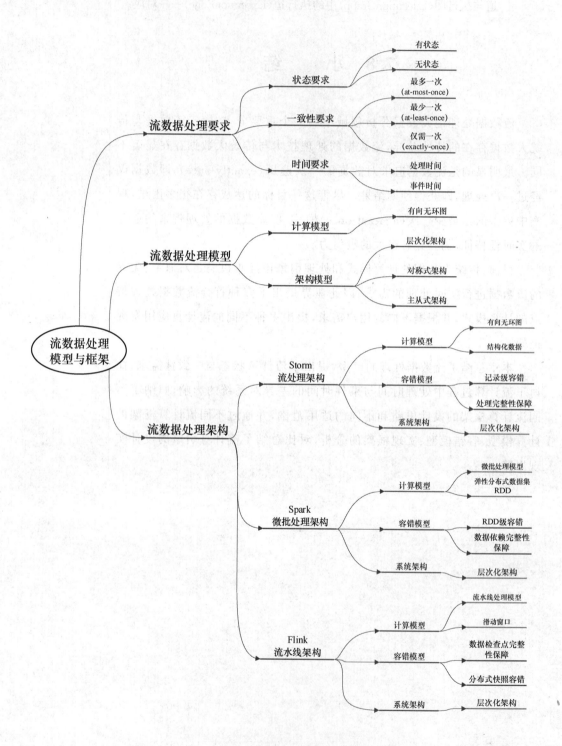

扩展阅读

[1]　孙大为，张广艳，郑纬民. 大数据流式计算：关键技术及系统实例. 软件学报，2014，25（4）：839-862. DOI：10. 13328/j. cnki. jos. 004558. http：//www. jos. org. cn/1000-9825/4558. htm.

[2]　Tyler Akidau，Slava Chernyak，Reuven Lax. Streaming Systems（The What，Where，When，and How of Large-Scale Data Processing）. O' Reilly Media，Inc. 2018.

习 题 7

1. 简述流数据处理的计算模型。

2. 简述流计算的一致性等级与可行的实现方式。

3. 简述处理时间与事件时间，以及两者不一致可能导致的问题与解决方式。

4. 简述 Storm、Spark、Flink 为了实现一致性所做的工作。

参考文献

[1] Gantz J, Reinsel D. Extracting value from chaos[J]. IDC iview, 2011, 1142(2011): 1-12.

[2] 李学龙, 龚海刚. 大数据系统综述[J]. 中国科学: 信息科学, 2015 (1): 1.

[3] Ramírez-Gallego S, Krawczyk B, García S, et al. A survey on data preprocessing for data stream mining: Current status and future directions[J]. Neurocomputing, 2017, 239: 39-57.

[4] Agrawal R, Imieliński T, Swami A. Mining association rules between sets of items in large databases[C]//ACM SIGMOD Record. ACM, 1993, 22(2): 207-216.

[5] Inokuchi A, Washio T, Motoda H. An apriori-based algorithm for mining frequent substructures from graph data [C]//European conference on principles of data mining and knowledge discovery. Springer, Berlin, Heidelberg, 2000: 13-23.

[6] Giannella C, Han J, Pei J, et al. Mining frequent patterns in data streams at multiple time granularities[J]. Next generation data mining, 2003, 212: 191-212.

[7] Karp R M, Shenker S, Papadimitriou C H. A simple algorithm for finding frequent elements in streams and bags [J]. ACM Transactions on Database Systems (TODS), 2003, 28(1): 51-55.

[8] Manku G S, Motwani R. Approximate frequency counts over data streams[C]//Proceedings of the 28th International Conference on

Very Large Databases（VLDB'02）. Morgan Kaufmann，2002：346-357.

［9］ Toivonen H. Sampling large databases for association rules［C］// VLDB. 1996，96：134-145.

［10］ Hidber，Christian. Online association rule mining［J］. ACM SIGMOD Record，1999，28（2）：145-156.

［11］ Cormode G，Datar M，Indyk P，et al. Comparing data streams using Hamming norms（how to zero in）［J］. IEEE Transactions on Knowledge and Data Engineering，2003，15（3）：529-540.

［12］ Manku G S，Motwani R. Approximate frequency counts over data streams［J］. Proceedings of the VLDB Endowment，2012，5（12）：1699-1699.

［13］ Babcock B，Chaudhuri S，Das G. Dynamic sample selection for approximate query processing［C］// the 2003 ACM SIGMOD international conference on management of data. ACM，2003.

［14］ Cormode G，Muthukrishnan S，Srivastava D. Finding hierarchical heavy hitters in data streams［C］// International Conference on Very Large Data Bases. VLDB Endowment，2003.

［15］ Teng W G，Chen M S，Yu P S. A Regression-Based Temporal Pattern Mining Scheme for Data Streams［C］// Proceedings of the 29th international conference on Very large data bases - Volume 29. VLDB Endowment，2003.

［16］ Asai T，Arimura H，Abe K，et al. Online algorithms for mining semi-structured data stream［C］// 2002 IEEE International Conference on Data Mining，2002. Proceedings. IEEE，2003.

［17］ Kremer H，Kranen P，Jansen T，et al. An effective evaluation measure for clustering on evolving data streams［C］// Proceedings of the 17th ACM SIGKDD International Conference on Knowledge Discovery and Data Mining，San Diego，CA，

USA，August 21-24，2011. ACM，2011.

[18] Hand D，Mannila H，Smyth P. A Systematic Overeview of Data Mining Algorithms[M]// Principles of Data Mining. MIT Press，2001.

[19] Salzberg S L. C4.5：Programs for Machine Learning by J. Ross Quinlan. Morgan Kaufmann Publishers，Inc. 1993[J]. Machine Learning，1996，16(3)：235-240.

[20] Gini C，Mutuabilita V. Contributo allo Studio delle Distribuzioni e delle Relazioni Statistiche[J]. C. Cuppini，Bologna，1912：211-382.

[21] Cohen J. A Coefficient of Agreement for Nominal Scales[J]. Educational & Psychological Measurement，1960，20(1)：37-46.

[22] Brzezinski D，Stefanowski J. Prequential AUC：properties of the area under the ROC curve for data streams with concept drift [M]. 2017.

[23] Mcnemar Q. Note on the sampling error of the difference between correlated proportions or percentages[J]. Psychometrika，1947，12(2)：153-157.

[24] Bifet A，Holmes G，Pfahringer B，et al. Fast perceptron decision tree learning from evolving data streams [C]//Pacific-Asia conference on knowledge discovery and data mining. Springer，Berlin，Heidelberg，2010：299-310.

[25] Domingos P，Hulten G. Mining high-speed data streams[C]// KDD. 2000：71-80.

[26] Hulten G，Spencer L，Domingos P. Mining time-changing data streams [C]//Proceedings of the seventh ACM SIGKDD international conference on Knowledge discovery and data mining. ACM，2001：97-106.

[27] Gama J，Fernandes R，Rocha R. Decision trees for mining data

streams[J]. Intelligent Data Analysis，2006，10(1):23-45.

[28] Jo? o Gama，Medas P，Rodrigues P. Learning decision trees from dynamic data streams［C］// Acm Symposium on Applied Computing. 2005.

[29] Bifet A，Gavaldà R. Adaptive Learning from Evolving Data Streams ［C］// International Symposium on Intelligent Data Analysis: Advances in Intelligent Data Analysis VIII. 2009.

[30] 原继东，王志海，YUANJi-dong，等. 时间序列的表示与分类算法综述[J]. 计算机科学，2015，42(3):1-7.

[31] 杨海民，潘志松，白玮. 时间序列预测方法综述[J]. 计算机科学，2019，46(1):21-28.

[32] Anava O，Hazan E，Mannor S，et al. Online Learning for Time Series Prediction［J］. Journal of Machine Learning Research，2013，30:172-184.

[33] Liu C，Hoi S C H，Zhao P，et al. Online ARIMA algorithms for time series prediction［C］// Thirtieth Aaai Conference on Artificial Intelligence. 2016.

[34] Zinkevich，M. Online Convex Programming and Generalized Infinitesimal Gradient Ascent［C］. In Proceedings of the twentieth international conference machine learning，2003，928-936.

[35] Ikonomovska E，Gama J. Learning Model Trees from Data Streams ［C］. International Conference on Discovery Science. Springer-Verlag，2008.

[36] Ikonomovska E，et al. Learning model trees from evolving data streams[J]. Data Mining and Knowledge Discovery，2011，23 (1):128-168.

[37] Almeida E，et al. Adaptive Model Rules from Data Streams[C]. Joint European Conference on Machine Learning and Knowledge Discovery in Databases. Springer，Berlin，Heidelberg，2013.

［38］ 孙大为，张广艳，郑纬民. 大数据流式计算:关键技术及系统实例
［J］. 软件学报，2014，25(4):839-862.

［39］ Mani Chandy K，Lamport L. Distributed Snapshots:Determining
Global States of Distributed Systems［J］. ACM Transactions on
Computer Systems，1985，3(1):63-75.